U0056207

再忙碌也能
吃得健康無負擔！

人氣營養師的
自製冷凍調理包

CONTENTS

開始烹調前

- - - - - - - - - - - - - - - - - - - -

●材料和分量
・計量單位，1小匙＝5㎖、1大匙＝15㎖。
・調味料的分量中，標示「少許」是指用拇指和食指捏取的分量。
・調味料若沒有特別附註，醬油是指薄鹽醬油，鹽是指食鹽，砂糖是指蔗糖，味噌則用個人喜愛的種類即可，奶油是指含鹽奶油，麵粉則是指低筋麵粉。
・蛋除了特別指定以外，均使用中型蛋（M尺寸）。

●蔬菜的事前準備
・洋蔥、紅蘿蔔等蔬菜，基本上均省略去皮後再烹調這段說明。

●關於高湯
・高湯可使用依指示稀釋過的市售高湯粉，或以昆布及柴魚片熬煮。

●冷凍保存與保存期限
・冷凍保存時，請使用可密封的冷凍保鮮袋或保鮮容器。另外，請務必將雙手洗淨，使用乾淨的工具或容器。
・冷凍保存的期限，依保存狀態而異，不過最長為一個月。請以一個月為標準，根據保存狀態判斷，盡量早日食用完畢。

●微波爐與烤箱
・微波爐的加熱時間，本書以600W的機型為標準。700W可改為0.8倍，500W可改為1.2倍，請參考並自行調整。不同機型多少會產生差異。
・烤箱的加熱時間，本書以1000W的機型為標準。
・以微波爐或烤箱加熱時，請依照所附說明書，使用耐熱的玻璃碗或容器。
・用微波爐加熱時，可能會突然沸騰（＝突沸現象），請多加小心。

●炸油的溫度
・低溫（160～165℃）＝當乾筷子的前端碰觸鍋底時，過一下子才慢慢冒出細小泡泡的狀態。
・中溫（170～180℃）＝當乾筷子的前端碰觸鍋底時，不停冒出細小泡泡的狀態。
・高溫（185～190℃）＝當乾筷子的前端碰觸鍋底時，立刻快速冒出許多細小泡泡的狀態。
・使用IH電磁爐時，請遵照說明書的指示烹調。

前 言

忙碌的時候、疲憊的時候、身體不舒服的時候，
不免會想：「今天就吃外食吧！」
或是：「買點什麼回家吧！」
不過這種時候真正想吃的，其實還是吃慣了的菜色。
假如隨便煮幾道菜，
又會邊吃邊覺得「味道太重了」、「不夠甘甜」，
總是吃得不滿足。

這時，我想到的便是「冷凍常備菜」。
有時間或空閒的時候，
趁著做晚餐順便準備好「冷凍調理包」，
就能縮短下次做飯的時間了。
另外，在嘗試製作各種冷凍常備菜的過程中，
還會發現有些料理經過冷凍後，竟然變得更好吃了！

說到「常備菜」，或許有人會感到疑惑：「是不是要特地去做？」
但其實只要平常做飯時，「順便做一點備用」就可以了。
這本書將介紹「預先調味常備菜」、「半烹調常備菜」和「烹調後常備菜」等，
各種烹調階段的冷凍常備菜。
重點在於，「以料理最好吃的狀態保存備用」。
從您覺得「這感覺會成功」、「想吃這道菜！」的料理
開始嘗試看看吧！
即使非常忙碌，也一定能做得有模有樣喔！

忙到沒時間時，美味的飯菜更是能量的來源。
利用冷凍常備菜，讓餐桌上的菜餚變得更加豐盛吧！

☆**營養師的食譜**☆（上地智子）

掌握訣竅，將食材美味地冷凍起來吧！
聰明冷凍的祕訣

冷凍調理包雖然方便，
但為了能愉快地享用，
學習保存食物美味的冷凍方法非常重要。
這裡為您介紹聰明冷凍的重點。

◉ 冷凍前的注意事項！

1 趁食材新鮮時製作

常備菜要趁食材新鮮、品質優良的時候製作。購買食材後，盡量於當天製作最好。

2 使用乾淨的保鮮袋和容器

如果保鮮袋或容器上有細菌的話，可能會造成食材腐壞。基本上保鮮袋不要重複使用，保鮮容器則要清洗乾淨、充分乾燥後再使用。

3 熱食要完全冷卻後再冷凍

在食物還有熱度時就直接冷凍，可能會結霜，或滲入多餘的水分。不只料理的味道會變差，還會成為細菌繁殖的溫床，一定要小心。

基本的預先調味冷凍常備菜製作方法

混勻調味料

調味料如果沒有混合均勻，食材就無法完全入味。放入肉之類的食材之前，先放入調味料充分搖勻吧！

放入食材

將肉之類的食材放入保鮮袋中搓揉，使食材均勻入味。魚之類容易碎裂的食材就採類似浸漬的方式，讓食材全面沾附調味料。

輕壓整平

冷凍速度越快，越能保持美味。請將食材盡量壓得又薄又平整，冷凍速度會比較平均，也比較容易解凍。

排出空氣後密封

多餘的空氣是造成食物氧化的原因，所以一定得是密封狀態。用手壓平食材，排出空氣後再密封起來吧！

放到托盤上，再放入冷凍庫

放在不鏽鋼或鋁製的金屬托盤上再冷凍，可以加快冷凍的速度。這麼做還能讓食材保持攤平的狀態。

> 袋子上記得標明製作日期和料理名稱喔！

雖說是冷凍，但也不是永遠都能吃得美味又安全。雖然調理得當或保存良好會使保存期限延長，不過最好不要放超過一個月。為了避免忘記拿出來吃，記得標上日期喔！預先調味的常備菜也別忘了寫上料理名稱！

方便做便當或少量使用
小分量冷凍的方法

將冷凍常備菜分成小分量，少量使用時會很方便，
要做較少人份的餐點、便當配菜，
或想變化菜色時，都會很輕鬆。
這裡介紹幾種分成小分量的技巧。

冷凍絞肉、碎肉

絞肉或碎肉的調理包，可以在按壓平整後，用筷子壓出溝痕再行冷凍。解凍時，用手從溝痕的地方掰開，或用菜刀、廚房剪刀切剪開來就OK了。這樣就能只取用需要的分量。

半烹調冷凍常備菜

可樂餅、春捲、雞肉丸等，在半烹調狀態下冷凍的常備菜，因為有固體形狀，放入保鮮袋時不要重疊擺放，如此就能輕鬆取出需要的分量。若非固體形狀，可以和絞肉一樣以溝痕區隔，或是分裝成小包裝冷凍。

只需要少許分量時

如果只想使用少許分量，例如想幫料理增添風味，或是製作少人份的餐點時，用製冰盒分裝最方便。等完全冷凍後，再裝入保鮮袋中，就是一口大小的自家製冷凍調味料了。醬汁、高湯、炒洋蔥等用途廣泛的調味食材，很推薦用這招。

便當用的配菜

當作配菜用的常備菜，可以分成小分量放入小紙杯內冷凍。要用時，直接取出杯子，微波加熱即可。這樣一來，就能夠在忙碌的早晨快速做好便當，而且營養也很均衡。

按照菜色內容區分
巧妙解凍的方法

常備菜要好吃，解凍一定也要做好。
最需注意的是，不能破壞食材的美味。
根據菜色的內容調整解凍的時間，
讓常備菜適當地解凍吧！

移至冷藏室解凍

這種解凍法不容易產生水珠，最能保持冷凍前的美味。晚上要用的話，就在早上先放到冷藏室；若是早上要用，則前一天晚上移到冷藏室。無須等到完全解凍，只要變軟就可以使用了。

沖水解凍

比移至冷藏室解凍更快。只要將調理包放在調理盆中，用水龍頭的流水沖就可以了。不時更換調理盆中的水，解凍速度會更快。

冷凍狀態直接加熱

炸豬排、春捲、煎餃等半烹調的冷凍常備菜，可以不解凍直接加熱。特別是有麵衣的食物，如果解凍會變得濕軟，直接油炸外型會比較漂亮。好吃的祕訣在於慢慢炸到熟透。邊炸邊調整溫度，讓內部也充分受熱吧！

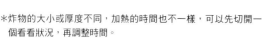

微波爐解凍

短時間就能解凍，非常方便，但可能會出現焦斑或水珠。微波爐請設定成小火及短時間，並隨時注意加熱情形，避免食材變成半生半熟的狀態。適合從解凍到加熱都使用微波爐的菜色。

＊炸物的大小或厚度不同，加熱的時間也不一樣，可以先切開一個看看狀況，再調整時間。

第1章

美味重現！
可作為**超人氣配菜**的
冷凍常備菜

「好想再吃那道菜喔！」應家人和朋友的要求，
我將各種人氣配菜做成冷凍常備菜。為了讓大家
能在最好吃的狀態下品嚐，從預先調味到菜餚幾
近完成，每道菜的冷凍時機都不盡相同。在最好
的狀態下冷凍和解凍，就能夠隨時重現日常的美
味了。

我們家自豪的柔軟多汁漢堡排。因為家人都愛吃，就順便連便當的份一起做。
煎好後冷凍保存，只要加熱一下，就能隨時吃到美味的漢堡排了。

絕品漢堡排

材料（4人份）

混合絞肉⋯⋯500g
洋蔥末⋯⋯$\frac{1}{2}$顆份
奶油⋯⋯20g
麵包粉⋯⋯30g
牛奶⋯⋯4大匙

A ｜ 蛋（L尺寸）⋯⋯1顆
　 ｜ 美乃滋⋯⋯$1\frac{1}{3}$大匙
　 ｜ 砂糖⋯⋯1小匙
　 ｜ 咖哩粉⋯⋯$\frac{1}{4}$小匙
　 ｜ 肉荳蔻⋯⋯少許
　 ｜ 鹽、胡椒⋯⋯各少許

沙拉油⋯⋯1大匙
白酒⋯⋯2大匙

B ｜ 中濃醬汁⋯⋯6大匙
　 ｜ 番茄醬⋯⋯3大匙
　 ｜ 紅酒⋯⋯$1\frac{1}{2}$大匙

● 冷凍調理包的製作方法

1 將洋蔥用奶油炒至透明。麵包粉浸在牛奶中。

2 把絞肉、**1**、**A**放入調理盆中，拌勻後分成4等分❶，調整好形狀。

3 將沙拉油倒入平底鍋中，以較強的中火燒熱後，放入**2**煎烤。兩面都上色後，加入水3大匙和白酒，蓋上鍋蓋，用小火蒸烤10分鐘左右。

4 取出煎好的漢堡排，待完全冷卻後裝入冷凍用保鮮袋中❷，壓出空氣密封後冷凍。

● 解凍方式

移至冷藏室解凍。也可以使用微波爐加熱。

● 調理方式

・冷藏解凍

在平底鍋抹一層薄薄的沙拉油（分量外），以較弱的中火燒熱。將解凍的漢堡排放入鍋中，煎2～3分鐘後用筷子插插看，若冒出肉汁就可以盛盤了。將**B**倒入鍋中，煮成稍微濃稠的醬汁，淋在漢堡排上。

・微波爐解凍

將**B**做成醬汁，淋在以微波爐加熱的漢堡排上。

烹調後
冷凍

memo

❶有小朋友的家庭，或準備便當菜時，順便做成小尺寸會更方便。

❷分好大小再冷凍，就可以輕鬆取用。

兩種講究調味的炸雞塊。絕品炸雞塊口感濕潤的祕密，在於調味時加了芝麻油。
羅勒炸雞塊則是用簡單的調味，凸顯出羅勒的香氣。

兩種炸雞塊

絕品炸雞塊

材料（容易製作的分量）

雞腿排（大）……1片

A
| 醬油、酒……各1大匙
| 雞湯粉……½小匙
| 芝麻油……1小匙
| 蒜泥、薑泥……各少許
| 鹽、胡椒……各少許

太白粉、炸油……各適量

🔵 冷凍調理包的製作方法

1 把雞肉切成容易入口的大小。將A裝入冷凍用保鮮袋中混勻，放入雞肉搓揉均勻。

2 壓出空氣密封好，整平之後冷凍。

調味後
冷凍

🔵 解凍方式

移至冷藏室，或沖水解凍。

🔵 調理方式

把炸油加熱到170～180℃。將解凍的雞肉沾滿太白粉❶，放入油中炸。約1～2分鐘後❷翻面，炸至酥脆。

memo

❶要炸之前再沾太白粉，炸起來會比較酥脆。

❷油炸的祕訣是放入油鍋後，直到麵衣固定之前都不要觸碰食材。這樣才能避免麵衣脫落，炸得漂亮。

羅勒炸雞塊

材料（容易製作的分量）

雞腿排（大）……1片

A
| 羅勒（乾燥）、橄欖油、酒……各1大匙
| 鹽……½小匙❶
| 蒜泥……少許
| 胡椒……少許

太白粉、炸油……各適量

🔵 冷凍調理包的製作方法

1 把雞肉切成容易入口的大小。將A裝入冷凍用保鮮袋中混勻，放入雞肉搓揉均勻。

2 壓出空氣密封好，整平之後冷凍。

調味後
冷凍

🔵 解凍方式

參照「絕品炸雞塊」。

🔵 調理方式

參照「絕品炸雞塊」。

memo

❶鹽量依雞肉分量調整。

經過冷凍，味道變得更溫潤醇厚了！在家就能輕鬆享受到餐廳級的美味。

奶油雞肉咖哩

材料（4～5人份）

雞腿排（或雞胸肉）……2片

A {
原味優格……200g
咖哩粉……大さじ2
}

蒜末……1瓣份

薑泥……1小匙

洋蔥末……1顆份

沙拉油……1大匙

B {
切塊番茄罐頭……1罐（400g）
雞湯塊……1塊
奶油……40g
砂糖……1½大匙
醬油、味醂……各1大匙
鹽、中濃醬汁、咖哩粉
……各1小匙
}

鮮奶油……3大匙

白飯……適量

🔵 冷凍調理包的製作方法

1 雞肉切成容易入口的大小。將**A**裝入塑膠袋中混勻，放入雞肉搓揉均勻。冷藏3小時以上備用。

2 將沙拉油、蒜末、薑泥放入鍋中，以小火加熱。待冒出香氣後加入洋蔥，拌炒3分鐘。加入**B**和水200㎖，轉為中火，充分拌勻並燉煮5分鐘。將**1**連同浸漬湯汁一起倒入鍋中，轉小火燉煮20分鐘。

3 加入鮮奶油充分拌勻，煮至沸騰❶。離火，待完全冷卻後再裝入冷凍用保鮮袋中，壓出空氣密封好，整平後冷凍。

🔵 解凍方式

放冷藏，或沖水解凍。也可以使用微波爐加熱。

🔵 調理方式

·冷藏、沖水解凍

將解凍的咖哩放入鍋中加熱，和白飯一起盛盤。

·微波爐解凍

將微波加熱好的咖哩和白飯一起盛盤。

烹調後
冷凍

memo

❶不冷凍就要品嚐時，先靜置一晚，味道會更濃郁香醇。

打拋飯是咖啡簡餐店的人氣菜色。炒好後先冷凍起來，想吃時就能隨時加熱了。

打拋飯

材料（2人份）

雞絞肉❶⋯⋯200g
紅椒⋯⋯¼顆
洋蔥末⋯⋯½顆份
羅勒葉⋯⋯10片
蒜末⋯⋯1瓣份
薑泥⋯⋯少許
豆瓣醬⋯⋯½小匙
沙拉油⋯⋯1大匙

A ⎰ 酒⋯⋯1大匙
⎪ 魚露、味醂⋯⋯各2小匙
⎪ 蠔油⋯⋯1小匙
⎱ 醬油⋯⋯近1小匙
雞湯粉⋯⋯½小匙

鹽、胡椒⋯⋯各少許
蛋⋯⋯2顆
白飯⋯⋯適量

memo

❶混合絞肉或豬絞肉也OK。

🔵 冷凍調理包的製作方法

1 去除紅椒的蒂頭和籽，切成1cm丁狀。將A放入調理盆中混合均勻。

2 把沙拉油、蒜末、薑泥放入平底鍋中，以小火加熱。待冒出香氣後加入絞肉，轉中火拌炒，接著加入豆瓣醬。等肉變色後加入洋蔥拌炒，全體炒勻後再加入紅椒。加入A，邊淋邊翻炒，再將羅勒葉撕碎加入。最後加入鹽和胡椒調味。離火，待完全冷卻後再裝入冷凍用保鮮袋中，壓出空氣密封好，整平後冷凍。

烹調後
冷凍

🔵 解凍方式

放冷藏，或沖水解凍。也可以使用微波爐加熱。

🔵 調理方式

·冷藏、沖水解凍

將打拋肉放入平底鍋中加熱，和白飯一起盛盤，上面放一顆荷包蛋。

·微波爐解凍

將微波加熱好的打拋肉和白飯一起盛盤。上面放一顆荷包蛋。

將番茄炒飯預先冷凍，就能快速做好蛋包飯。只要加熱一下，再蓋上鬆軟的蛋皮就完成了！

蛋包飯

材料 (2人份)

●番茄炒飯

白飯⋯⋯飯碗裝滿2碗份

洋蔥末⋯⋯$\frac{1}{2}$顆份

紅蘿蔔末⋯⋯$\frac{1}{2}$根份

熱狗⋯⋯2～3根

玉米粒 (罐頭)⋯⋯$\frac{1}{2}$罐 (60g)

沙拉油⋯⋯1大匙

A
- 番茄醬⋯⋯滿滿3大匙
- 顆粒高湯粉、醬油
  ⋯⋯各1小匙
- 鹽、胡椒⋯⋯各少許

奶油⋯⋯10g

●鬆軟蛋皮 (1人份)

B
- 蛋⋯⋯2顆
- 牛奶 (或鮮奶油)
  ⋯⋯1大匙
- 砂糖⋯⋯$\frac{1}{2}$小匙

奶油⋯⋯10g

冷凍調理包的製作方法

1 熱狗切成1cm寬的圓片；玉米罐頭瀝乾水分。

2 沙拉油倒入平底鍋中，以中火燒熱後放入洋蔥、紅蘿蔔、熱狗、玉米粒拌炒均勻。接著加入 A，繼續炒至水分蒸發❶。待整體拌勻後，加入奶油拌炒，再加入白飯。充分炒勻後，若試吃覺得味道不夠，再加番茄醬、鹽、胡椒 (分量外) 調整味道。

3 離火，待完全冷卻後分成各1餐份❷，放入冷凍用保鮮容器冷凍。

解凍方式

使用微波爐加熱。

調理方式

(1人份的作法) 將 B 放入調理盆中，充分拌勻。把奶油放入平底鍋中，以較弱的中火加熱至融化後，放入 B。用筷子畫約3圈大圓攪拌，待蛋皮表面約7分熟後，即可熄火。將熱好的番茄炒飯盛盤，蓋上蛋皮。

烹調後
冷凍

memo

❶將食材的水分確實收乾，炒飯就不會濕濕軟軟的。

❷分成各1餐份冷凍，做午餐或便當時就很方便。

只是醃漬烘烤，味道卻很道地。在醃漬狀態下冷凍，會更加入味好吃 ♪

坦都里烤雞

材料（容易製作的分量）

雞腿排……2片

A
- 原味優格……3大匙
- 番茄醬……1½大匙
- 咖哩粉……1大匙❶
- 蒜泥、薑泥……各1小匙
- 醬油……2小匙
- 味醂……1小匙
- 鹽……⅔小匙

🔵 冷凍調理包的製作方法

1 將雞肉用叉子刺幾個洞，讓肉更容易入味。把A裝入冷凍用保鮮袋中混勻，放入雞肉搓揉均勻。

2 壓出空氣密封好，整平後冷凍。

🔵 解凍方式

移至冷藏室，或沖水解凍。

🔵 調理方式

烤盤鋪烘焙紙，放上解凍的雞肉。放入預熱至230℃的烤箱烘烤20分鐘後，切成容易入口的大小。

調味後
冷凍

memo

❶怕辣的話，可以減少咖哩粉的量。

我家的麻婆豆腐，有正宗和白麻婆兩種。麻麻辣辣的正宗麻婆豆腐很好吃，
薑味較重的白麻婆豆腐也清爽美味。預先做好兩種，再依當天的心情選擇吧！

兩種麻婆豆腐

麻婆豆腐

材料（容易製作的分量）

豬絞肉……150g
蒜末……1瓣份
薑末……少許
蔥末（長蔥）……½根份
豆瓣醬……1～2小匙
沙拉油……1大匙

A ┤ 紹興酒（或一般的酒）
　　　……2大匙
　　醬油、甜麵醬……各1大匙
　　雞湯粉……½大匙
　　砂糖……½大匙

豆腐……1塊
太白粉水……適量
蔥花（細蔥）……適量
芝麻油……½大匙

🌀 冷凍調理包的製作方法

1 將沙拉油倒入平底鍋中，以中火燒熱後加入蒜、薑、蔥（長蔥）炒香。待香氣冒出後加入絞肉拌炒。炒到肉變色後加入豆瓣醬拌炒，再加入 **A**、水250ml煮至沸騰。

2 離火，待完全冷卻後再裝入冷凍用保鮮袋中，壓出空氣密封好，整平後冷凍。

🌀 解凍方式

移至冷藏室，或沖水解凍。也可以使用微波爐加熱。

🌀 調理方式

將解凍的麻婆豆腐原料放入鍋中，以中火加熱，溫度升高後加入切成一口大小的豆腐❶燉煮。煮至沸騰後加入太白粉水混合，待湯汁變濃稠後淋一圈芝麻油。盛盤，撒一些蔥花（細蔥）。

原料
做好後
冷凍

memo
❶豆腐冷凍的話會產生小孔洞，所以在麻婆豆腐原料解凍之後再加入。

白麻婆豆腐

材料（容易製作的分量）

豬絞肉……150g
蒜末……1瓣份
薑末……少許
蔥末（長蔥）……½根份
沙拉油……1大匙

A ┤ 紹興酒（或一般的酒）
　　　……1大匙
　　雞湯粉……近1大匙
　　芝麻油……½大匙

豆腐……1塊
太白粉水……適量

🌀 冷凍調理包的製作方法

1 將沙拉油倒入平底鍋中，以中火燒熱後加入蒜、薑、蔥（長蔥）炒香。待香氣冒出後加入絞肉拌炒。炒至肉變色後，再加入 **A**、水200ml煮至沸騰。

2 離火，待完全冷卻後再裝入冷凍用保鮮袋中，壓出空氣密封好，整平後冷凍。

🌀 解凍方式

參照「麻婆豆腐」。

🌀 調理方式

將解凍的白麻婆豆腐原料放入鍋中，以中火加熱，溫度升高後加入切成一口大小的豆腐燉煮。煮至沸騰後加入太白粉水混合，待湯汁變濃稠即可盛盤。

原料
做好後
冷凍

加了調味料，就絕對不會失敗的經典配菜。即使冷凍，蝦子依然保有Q彈的口感！

乾燒蝦仁

材料（容易製作的分量）

蝦子……15隻

A
- 酒……1大匙
- 薑泥……少許

太白粉……1大匙

蒜末……1瓣份

薑末……1小塊份

蔥末（長蔥）……½～1根份

豆瓣醬 ❶……1小匙以上

沙拉油……1½大匙

B
- 番茄醬……3大匙
- 紹興酒（或一般的酒）……1大匙
- 芝麻油……½大匙
- 砂糖……2小匙
- 醬油……1小匙
- 雞湯粉……½小匙

冷凍調理包的製作方法

1. 蝦子去腸泥後輕輕用水洗淨❷，擦乾水分後加入 **A** 調味。

2. 將 **B**、水4大匙倒入調理盆中，拌勻備用。把沙拉油倒入平底鍋中，以中火加熱，蝦子沾滿太白粉後放入鍋中。待蝦子變色，加入蔥、薑、蒜拌炒，再加入豆瓣醬炒勻。加入 **B** 拌勻，煮至蝦子熟透、醬汁變得濃稠。

3. 離火，待完全冷卻後再裝入冷凍用保鮮袋中，壓出空氣密封好，整平後冷凍。

解凍方式

移至冷藏室，或沖水解凍。也可以使用微波爐加熱。

調理方式

若是冷藏或沖水解凍的話，將解凍的乾燒蝦仁放入鍋中加熱即可。

烹調後
冷凍

memo

❶ 可依喜歡的辣度調整豆瓣醬的量。

❷ 蝦子撒1大匙太白粉和少許鹽（均為分量外），輕輕搓揉洗淨就能去除腥味。

肉丸炸好後冷凍保存。最後只要淋上糖醋醬就好，當做便當菜也很方便。

糖醋肉丸

材料 (3～4人份)

豬絞肉……300g

A {
洋蔥末……½顆份
蛋……1顆
麵包粉……20g
芝麻油、酒 (有紹興酒更好)
……各1大匙
砂糖……1小匙
醬油……½小匙
薑泥、鹽、胡椒……各少許
}

炸油……適量

B {
番茄醬……2½大匙
醋、酒 (有紹興酒更好)
……各2大匙
砂糖、醬油……各1½大匙
味醂……1大匙
}

芝麻油……少許

太白粉水……適量

🔵 **冷凍調理包的製作方法**

1 將絞肉、A放入調理盆中揉捏均勻。待產生黏性後，依喜歡的大小搓成球狀。

2 把炸油加熱至低溫 (160℃)。放入肉丸炸至熟透，待肉丸浮上來時，提高油溫，將表面炸得酥脆。

3 取出肉丸，待完全冷卻後裝入冷凍用保鮮袋中，平整排列不要重疊，放入冰箱冷凍。

烹調後 冷凍

🔵 **解凍方式**

移至冷藏室解凍。也可以使用微波爐加熱。

🔵 **調理方式**

將B、水4大匙放入調理盆中，混勻備用。平底鍋用中火燒熱，放入解凍的肉丸，待溫度上升後淋上B❶，再倒入太白粉水，使湯汁濃稠。最後淋一圈芝麻油增添風味。

memo

❶肉丸充分加熱後再淋醬汁。

19

將豬肉浸在味噌中冷凍，不但風味絕佳，肉質也會變得軟嫩。建議搭配不同的味噌試試看！

味噌豬排

材料 (3人份)

炸豬排用里肌肉⋯⋯3片

A
- 味噌⋯⋯3大匙
- 味醂、酒、蜂蜜⋯⋯各1大匙
- 醬油、芝麻油⋯⋯各1小匙
- 蒜泥、薑泥⋯⋯各少許

沙拉油⋯⋯少許

🔵 **冷凍調理包的製作方法**

將豬肉的筋切幾道開口，用叉子將肉叉幾個洞。混合 A，抹在豬肉上，裝入冷凍用保鮮袋中，平整排列不要重疊，放入冰箱冷凍。

調味後
冷凍

🔵 **解凍方式**

移至冷藏室，或沖水解凍。

🔵 **調理方式**

將沙拉油倒入平底鍋中，以小火燒熱，接著放入解凍的豬肉。待一面煎出焦色後，翻面蓋上鍋蓋，煎至熟透❶。

memo

❶豬肉很容易焦，要注意火候。

將牛肉調味後冷凍，能讓肉十分入味，非常適合下飯。

韓式炒牛肉

材料（3人份）

牛肉薄片……200g

A ｛醬油、酒……各1½大匙
芝麻油……1大匙
蒜泥……1～2瓣份
韓式辣醬、砂糖……各2小匙｝

洋蔥（中）……½顆

紅蘿蔔……½根

豆芽菜……½袋

韭菜……½把

熟白芝麻……適量

沙拉油、芝麻油……各少許

冷凍調理包的製作方法

1 將 A 裝入冷凍用保鮮袋中混勻，放入牛肉搓揉均勻。

2 壓出空氣密封好，整平後冷凍。

解凍方式

移至冷藏室，或沖水解凍。

調理方式

洋蔥切薄片，紅蘿蔔切絲，韭菜切大段。將沙拉油倒入平底鍋中，以中火燒熱，放入洋蔥、紅蘿蔔炒勻，接著加入豆芽菜拌炒，再加入解凍的牛肉炒勻。等肉變色後，加入韭菜❶、白芝麻和增添風味的芝麻油，快速翻炒一下。

調味後
冷凍

memo

❶韭菜最後再加，成品顏色會比較漂亮。

絞肉中加了魚板，口感變得鬆軟綿密。煎好後冷凍起來，加熱並淋上醬汁後即可上桌。

絕品雞肉丸

材料（10顆份）

雞絞肉……300g
魚板……1片

A {
酒……1大匙
芝麻油、美乃滋……各½大匙
砂糖……½小匙
薑泥……少許
鹽、胡椒……各少許
蔥花（細蔥）……適量
}

沙拉油……1大匙
酒……1大匙

B {
醬油、砂糖、酒、味醂
……各2大匙
}

蛋黃……1顆份

🔵 冷凍調理包的製作方法

1 將魚板用食物調理機打成細滑狀。把絞肉、魚板、A放入調理盆中，揉捏均勻，分成10等分，捏成扁圓形。

2 將沙拉油倒入平底鍋中，以中火燒熱，把雞肉丸排入鍋中煎烤。等一面出現焦色後再翻面，倒入酒，蓋上鍋蓋，蒸烤2～3分鐘。

3 取出煎好的雞肉丸，待完全冷卻後裝入冷凍用保鮮袋中，平整排列不要重疊，放入冰箱冷凍。

🔵 解凍方式

移至冷藏室解凍。也可以使用微波爐加熱。

🔵 調理方式

將B放入平底鍋中，以中火加熱。待冒出小泡泡後放入解凍的雞肉丸，邊煮邊把醬汁澆在雞肉丸上❶。煎好後盛盤，附上一顆蛋黃。

memo
❶澆到雞肉丸出現光澤。

經過冷凍，雞肉更入味，洋蔥也變得柔軟濕潤了。打顆蛋，就成了一碗美味的親子丼。

親子丼

材料（1人份）

雞腿排⋯⋯ 1/2 片
洋蔥⋯⋯ 1/4 顆

A ｜ 醬油、味醂⋯⋯各 1 大匙
｜ 酒、砂糖⋯⋯各 1/2 大匙
｜ 日式高湯粉⋯⋯ 1/3 小匙

蛋⋯⋯ 2 顆
白飯⋯⋯適量

 冷凍調理包的製作方法

1 將洋蔥切成薄片，雞肉切成容易入口的大小。

2 於鍋中放入 A、水 80㎖、洋蔥，以較強的中火煮 1
～2 分鐘。等洋蔥變透明後加入雞肉，再以中火煮
2～3 分鐘。

3 離火，待完全冷卻後再裝入冷凍用保鮮袋中，壓出
空氣密封好，整平後冷凍。

原料
做好後
冷凍

解凍方式

移至冷藏室，或沖水解凍。也可以倒入耐熱容器中，
以微波爐加熱。

調理方式

把蛋打散備用。將解凍的親子丼原料放入平底鍋中，
以中火加熱到沸騰，倒入 2/3 量的蛋液❶。蓋上鍋蓋，
以小火煮 2 分鐘，倒入剩餘的蛋液。再次蓋上鍋蓋，
以較強的中火加熱 10 秒鐘。最後淋在盛入碗中的白飯
上。

memo
❶蛋分成 2 次加入，會變得比較鬆軟。

將豬肉浸在加了滿滿洋蔥泥的醬汁中，冷凍起來。肉變得好柔軟，一口咬下超多汁的！

薑汁豬肉

材料（2～3人份）

豬肉（薑汁豬肉用）⋯⋯ 250～300g

A
| 洋蔥泥❶ ⋯⋯ $\frac{1}{4}$ 顆份 |
| 醬油 ⋯⋯ $2\frac{1}{2}$ 大匙 |
| 味醂、酒 ⋯⋯ 各1大匙 |
| 薑泥 ⋯⋯ 1小塊份 |
| 砂糖、蜂蜜 ⋯⋯ 各1小匙 |

沙拉油 ⋯⋯ 少許

🔵 **冷凍調理包的製作方法**

1 將A裝入冷凍用保鮮袋中混勻，放入豬肉搓揉均勻。

2 壓出空氣密封好，整平後冷凍。

🔵 **解凍方式**

移至冷藏室，或沖水解凍。

🔵 **調理方式**

把沙拉油倒入平底鍋中，以中火燒熱，放入解凍的豬肉並攤平，將兩面煎熟即可。

調味後
冷凍

memo

❶洋蔥有讓肉變得更柔軟的作用。

土魠魚抹上配方講究的味噌，預先冷凍。濕潤的魚肉一入口，豐富的香氣便散發出來。

土魠魚西京燒

材料（2人份）

土魠魚切片……2片

A
- 西京味噌……2大匙
- 酒……1大匙
- 味醂……½大匙
- 醬油……½小匙
- 砂糖……¼小匙

冷凍調理包的製作方法

將A拌勻，抹在土魠魚切片上，裝入冷凍用保鮮袋中，平整排列不要重疊，放入冰箱冷凍。

調味後
冷凍

解凍方式

移至冷藏室，或沖水解凍。

調理方式

將解凍的土魠魚切片放在烤網上，用小火慢烤❶。

memo

❶魚肉容易焦，請注意火候。

想祕藏又想分享的自信之作。雞肉調味好後冷凍，炸之前再裹上麵衣，炸到酥脆。

絕品油淋雞

材料（容易製作的分量）

雞腿排（大）……1片

A {
酒……1大匙
鹽、胡椒……各少許
}

B {
蔥末（長蔥）……½根份
蒜末……1瓣份
醬油、醋……各1½大匙
砂糖……1大匙
芝麻油……2小匙
酒、蜂蜜……各1小匙
薑泥……少許
}

太白粉、炸油……各適量

🔵 **冷凍調理包的製作方法**

1 雞腿排除去多餘的脂肪，將較厚的部分切開，使厚度一致。

2 將A裝入冷凍用保鮮袋中混勻，放入雞腿排搓揉均勻。壓出空氣密封好，整平後冷凍。

調味後
冷凍

🔵 **解凍方式**

移至冷藏室，或沖水解凍。

🔵 **調理方式**

1 將B和水1大匙放入調理盆中，拌勻備用❶。於平底鍋中倒入深1cm的油燒熱。把解凍的雞腿排沾滿太白粉，雞皮部分朝下❷放入平底鍋中。以較弱的中火半煎半炸，待一面炸到焦脆後翻面，繼續炸10分鐘左右。

2 取出雞腿排，放在調理盤上靜置3分鐘，以餘熱使肉熟透。切成容易入口的大小，盛盤後淋上B。

memo

❶拌勻後靜置1小時左右，會更加入味。

❷從雞皮開始炸，能炸得更酥脆。

26

肉燥中加了大量的紅蘿蔔，營養滿分。因為色彩鮮豔，也很適合冷凍起來當做便當菜。

紅蘿蔔肉燥飯

材料（容易製作的分量）

混合絞肉……300g

紅蘿蔔……1根❶

A ┤ 醬油、味醂、酒、砂糖
  │ ……各3½大匙
  └ 薑泥……適量

沙拉油……少許

白飯、蔥花（細蔥）……各適量

🔵 **冷凍調理包的製作方法**

1 將紅蘿蔔切碎。

2 把沙拉油倒入平底鍋中，以中火燒熱後加入絞肉拌炒。炒散後用廚房紙巾擦掉多餘油脂❷，加入紅蘿蔔拌炒。加入A，炒約5分鐘，直到水分蒸發。

3 離火，待完全冷卻後再裝入冷凍用保鮮袋中，壓出空氣密封好，整平後冷凍❸。

🔵 **解凍方式**

使用微波爐加熱。

🔵 **調理方式**

飯盛好後，放上熱好的肉燥，再撒一些蔥花。

烹調後
冷凍

memo

❶加入滿滿紅蘿蔔，色彩和營養都提升。

❷擦掉多餘的油脂，成品清爽不油膩。

❸壓出溝痕，以便分成小分量。

「豬肉片料理」

豬肉片在超市常有特賣優惠。
預先調成喜歡的味道冷凍起來，想吃的時候加蔬菜一起拌炒就好。
以下將介紹各種每天吃也不膩的美味豬肉片料理。

將豬肉片做成帶有微微甜味的味噌風味冷凍常備菜。
搭配清脆的高麗菜拌炒，吃起來更健康。

芝麻味噌炒豬肉片

材料（3～4人份）

豬肉片 ⋯⋯ 300g

A
- 味噌 ⋯⋯ 2大匙
- 砂糖、味醂、熟白芝麻、紹興酒（或一般的酒）⋯⋯ 各1大匙
- 芝麻油 ⋯⋯ ½小匙
- 豆瓣醬（依喜好添加）⋯⋯ ½小匙以上
- 蒜泥、薑泥 ⋯⋯ 各少許

高麗菜 ⋯⋯ ¼顆
沙拉油 ⋯⋯ 1大匙

⬤ 冷凍調理包的製作方法

1 將A裝入冷凍用保鮮袋中混勻，放入豬肉搓揉均勻。
2 壓出空氣密封好，整平後冷凍。

⬤ 解凍方式

移至冷藏室，或沖水解凍。

⬤ 調理方式

1 將高麗菜切碎。
2 把沙拉油倒入平底鍋中，以中火燒熱後加入高麗菜拌炒。炒勻後加入解凍的豬肉片❶，炒到肉熟了、水分收乾即可。

調味後
冷凍

memo

❶高麗菜炒過後體積會縮小，所以可以多加一點。

豬肉片以番茄醬和中濃醬汁等調味後冷凍。在西餐廳才吃得到的美味，令人欲罷不能。

番茄醬炒豬肉片

材料 (3~4人份)

豬肉片……300g

A {
番茄醬……3大匙
中濃醬汁、酒……各1大匙
顆粒高湯粉、砂糖、醋
……各1小匙
醬油……½小匙
蒜泥……少許
}

洋蔥……½顆

沙拉油……½大匙

冷凍調理包的製作方法

1 將 **A** 裝入冷凍用保鮮袋中混勻，放入豬肉片搓揉均勻。

2 壓出空氣密封好，整平後冷凍。

解凍方式

移至冷藏室，或沖水解凍。

調理方式

1 將洋蔥切成瓣狀。

2 把沙拉油倒入平底鍋中，以中火燒熱後加入洋蔥拌炒。炒勻後加入解凍的豬肉片❶，炒到肉熟了、水分收乾即可。

調味後
冷凍

memo

❶先將洋蔥炒軟，整體熟度才會恰到好處。

將蔬菜加入咖哩風味的豬肉裡。促進食慾的香氣令人一口接一口，把蔬菜也吃光光。

咖哩炒豬肉片

材料（2人份）

豬肉片⋯⋯200g

A ⎰
酒⋯⋯2大匙
醬油⋯⋯½大匙
味醂⋯⋯2小匙
咖哩粉⋯⋯1小匙
蒜泥、薑泥⋯⋯各少許
鹽、胡椒⋯⋯各少許

洋蔥⋯⋯¼顆
青椒⋯⋯1顆
沙拉油⋯⋯1大匙

🔵 冷凍調理包的製作方法

1 將A裝入冷凍用保鮮袋中混勻，放入豬肉片搓揉均勻。

2 壓出空氣密封好，整平後冷凍。

🔵 解凍方式

移至冷藏室，或沖水解凍。

🔵 調理方式

1 將洋蔥切成瓣狀。青椒去蒂、去籽之後，切成細絲。

2 把沙拉油倒入平底鍋中，以中火燒熱後加入洋蔥和青椒拌炒。炒勻後加入解凍的豬肉片❶，炒到肉熟了、水分收乾即可。

調味後
冷凍

memo

❶以蔬菜搭配風味濃郁的豬肉，使味道更均衡。

加入蒜泥&薑泥，能量滿分。雖然簡單，卻是超下飯的好滋味。

活力豬肉片

材料（3～4人份）

豬肉片⋯⋯300g

A
醬油⋯⋯2½大匙
酒、醋、味醂、砂糖
　⋯⋯各1大匙
蒜泥、薑泥⋯⋯各少許

洋蔥⋯⋯½顆

沙拉油⋯⋯1大匙

 冷凍調理包的製作方法

1 將A裝入冷凍用保鮮袋中混勻，放入豬肉片搓揉均勻。

2 壓出空氣密封好，整平後冷凍。

調味後
冷凍

🔵 解凍方式

移至冷藏室，或沖水解凍。

🔵 調理方式

1 將洋蔥切成瓣狀。

2 把沙拉油倒入平底鍋中，以中火燒熱後加入洋蔥拌炒。炒勻後加入解凍的豬肉片❶，炒到肉熟了、水分收乾即可。

memo
❶將豬肉連同醃漬醬汁一起拌炒即可。

加入大量的蔥一起醃漬並冷凍。滋味清爽卻富有層次，是我自豪的菜色。

青蔥鹽炒豬肉片

材料 (3～4人份)

豬肉片……300g
長蔥……1根

A
| 酒……2大匙
| 芝麻油……1大匙
| 熟白芝麻……1大匙
| 味醂……2小匙
| 醬油……1小匙
| 鹽、雞湯粉……½小匙
| 蒜泥、薑泥……各少許
| 粗粒黑胡椒……少許
沙拉油……½大匙

冷凍調理包的製作方法

1　將長蔥斜切成薄片。
2　將A裝入冷凍用保鮮袋中混勻，放入豬肉片、長蔥，搓揉均勻❶。
3　壓出空氣密封好，整平後冷凍。

解凍方式

移至冷藏室，或沖水解凍。

調理方式

將沙拉油倒入平底鍋中，以中火燒熱後加入解凍的豬肉片和長蔥。炒到肉熟了、水分收乾即可。

調味後 冷凍

memo

❶蔥的大蒜素，能幫助人體吸收豬肉的維生素B$_1$。

「雞腿排料理」

口感有嚼勁、滋味鮮美的雞腿肉，是無論煎煮烤炸都好吃的食材。
以冷凍的方式醃漬，大塊的肉也能充分入味，吃起來風味絕佳。

用超受歡迎的鹽麴來醃漬，美味倍增！
搭配滿滿的蔬菜，做成咖啡店風格的豐盛沙拉。

鹽麴味噌
煎雞肉沙拉

材料（3～4人份）

雞腿排……2片

A｛
鹽麴……2大匙
酒……1大匙
白味噌……2小匙
｝

燙青花菜、小番茄、嫩葉生菜等
　喜歡的蔬菜……各適量
喜歡的淋醬……適量

◯ 冷凍調理包的製作方法

1 將 A 裝入冷凍用保鮮袋中混勻，放入
　雞腿排搓揉均勻❶。
2 壓出空氣密封好，整平後冷凍。

◯ 解凍方式

移至冷藏室，或沖水解凍。

◯ 調理方式

1 烤盤鋪烘焙紙，放上解凍的雞腿排。
　放入預熱至230℃的烤箱烘烤15～20
　分鐘。
2 於盤中盛滿蔬菜，將雞腿排切成容易
　入口的大小後擺在蔬菜上。淋上喜歡
　的淋醬。

調味後
冷凍

memo
❶增添恰到好處的鹹味與風味，做成適合配飯和下酒的一道菜。

西京味噌的香氣與甜味，充分滲入雞肉之中。適合作為配菜或下酒菜！

雞腿排西京燒

材料（3~4人份）

雞腿排⋯⋯2片

A {
西京味噌⋯⋯4大匙
酒⋯⋯2大匙
味醂⋯⋯1大匙
醬油⋯⋯1小匙
砂糖⋯⋯½小匙
}

⬤ 冷凍調理包的製作方法

1 將 A 裝入冷凍用保鮮袋中混勻，放入雞腿排搓揉均勻。

2 壓出空氣密封好，整平後冷凍❶。

⬤ 解凍方式

移至冷藏室，或沖水解凍。

⬤ 調理方式

烤盤鋪烘焙紙，放上解凍的雞腿排。放入預熱至230℃的烤箱烘烤15~20分鐘後，切成容易入口的大小。

調味後
冷凍

memo

❶經過冷凍，味噌的風味會充分滲入雞肉中。

炒雞肉鋪上起司烘烤，做成開胃菜。炒好後冷凍起來，突然有客人來訪時也能迅速上桌。

起司焗蒜香雞肉

材料（2人份）

雞腿排……1片

A | 酒……1大匙
  | 蒜泥……½瓣份
  | 鹽、胡椒……各少許

洋蔥……½顆

橄欖油……1大匙

披薩用起司……適量

小番茄……4顆

香芹末（乾燥）、麵包粉
……各少許

🔵 冷凍調理包的製作方法

1 將洋蔥切成薄片。雞腿排切成一口大小，以A搓揉醃漬，使肉入味。

2 把橄欖油倒入平底鍋中，以中火燒熱後加入雞肉拌炒。肉變色後加入洋蔥，炒軟後蓋上鍋蓋，以小火蒸烤2～3分鐘。

3 離火，待完全冷卻後再裝入冷凍用保鮮袋中，壓出空氣密封好，整平後冷凍。

🔵 解凍方式

移至冷藏室解凍。也可以使用微波爐加熱。

🔵 調理方式

1 小番茄摘去蒂頭，切成兩半。

2 將解凍的雞肉、洋蔥等量盛入兩個耐熱容器中。在兩邊鋪上等量的披薩用起司❶和小番茄。撒上香芹末和麵包粉，放入烤箱烤5～8分鐘。

原料
做好後
冷凍

memo

❶鋪上滿滿的起司，烤得香氣四溢。

靈感來自定食套餐的主菜。雖然有個「燉」字，但醬汁是用淋上去的，口感還是很酥脆！

蘿蔔泥燉雞腿排

材料（容易製作的分量）

雞腿排……1片（大）

A ┤ 酒……1大匙
　　薑泥……1小匙
　　鹽、胡椒……各少許

白蘿蔔……5cm

B ┤ 醬油……2大匙
　　醋……1½大匙
　　砂糖、味醂……各1大匙
　　蜂蜜……1小匙

炸油、太白粉……各適量

蔥花（細蔥）……適量

🔵 **冷凍調理包的製作方法**

1 雞腿排除去多餘的脂肪，將較厚的部分切開，使厚度一致。

2 把A裝入冷凍用保鮮袋中混勻，放入雞腿排搓揉均勻。

3 壓出空氣密封好，整平後冷凍。

🔵 **解凍方式**

移至冷藏室，或沖水解凍。

🔵 **調理方式**

1 將白蘿蔔磨成泥，稍微瀝乾水分。把B倒入小鍋中，煮至沸騰後關火，加入白蘿蔔泥。

2 於平底鍋中倒入深1cm的油燒熱。將解凍的雞腿排沾滿太白粉，雞皮部分朝下放入，炸約5分鐘，炸到雞皮酥脆後翻面，再炸5分鐘後取出。靜置於調理盤上，以餘熱使肉熟透。

3 切成容易入口的大小，盛入盤中，淋上1❶。最後撒上蔥花。

調味後
冷凍

memo

❶不以醬汁燉煮，而是淋上醬汁，所以外皮依然酥脆。

第 **2** 章

只要加熱一下就好！
半烹調冷凍
常備菜

可樂餅、煎餃、春捲等，都是以加熱前的狀態冷
凍起來。想吃的時候不用解凍，直接加熱烹調就
OK。無須花時間備菜，也不用多做沾麵衣等步
驟。加熱一下很簡單，事後收拾也輕鬆，特別適
合忙碌時製作。可當做便當配菜。

＊炸物的大小或厚度不同，
加熱的時間也不一樣，可以
先切開一個看看狀況，再調
整時間。

以冷凍狀態直接放在平底鍋中煎烤，就能煎得外皮酥脆、內餡多汁。

絕品煎餃

材料 (30顆份)

豬絞肉——220g
高麗菜——140g
韭菜——⅓把
長蔥——½根

A
├ 酒 (有紹興酒更好)——2大匙
├ 芝麻油——1大匙
├ 蔥油 (有的話)——1小匙
├ 醬油、雞湯粉——各1小匙
├ 砂糖——½小匙
├ 蒜泥——1瓣份
├ 薑泥——少許
└ 鹽、胡椒——各少許
水餃皮——30片
沙拉油、芝麻油——各少許
醋、胡椒——各適量

半烹調後
冷凍

🔵 **冷凍調理包的製作方法**

1 將高麗菜、韭菜、長蔥切碎。把絞肉和 A 放入調理盆中混合均勻，加入蔬菜充分拌勻。

2 將 1 等量包入水餃皮中，一邊包一邊捏出摺子。

3 裝入冷凍用保鮮袋中，平整排列不要重疊，壓出空氣後密封好，放入冰箱冷凍。

🔵 **解凍方式**　不必解凍，直接加熱烹調。

🔵 **調理方式**

1 把沙拉油倒入平底鍋中，將冷凍水餃排列好。開中火，煎到稍微出現焦色後倒入熱水150〜200mℓ❶，蓋上鍋蓋蒸烤5〜7分鐘。

2 拿掉鍋蓋，等水分收乾後淋一圈芝麻油，煎到香氣四溢。盛盤後，撒上醋和胡椒❷。

memo
❶以冷凍狀態直接加熱水蒸烤。
❷推薦的調味料為醋＋胡椒，吃起來很爽口。

製作手續繁複的春捲，只要預先做好冷凍起來，想吃時炸一下就能上桌。帶便當也很棒！

春捲

材料（10條份）

豬絞肉……150g

冬粉……40g

紅蘿蔔……½根

竹筍（水煮）……80g

乾香菇……2～3朵

韭菜……⅓把

薑末……少許

沙拉油……少許

A｛ 砂糖、醬油、酒（有紹興酒更好）、
味醂、芝麻油……各1大匙
蠔油、中式高湯粉
……各1小匙 ｝

太白粉水、麵粉水……各適量

春捲皮……10張

炸油……適量

memo

❶不要捲得太緊，鬆一點炸起來才會酥脆。

❷以低溫油炸，讓內餡熟透。

🔵 冷凍調理包的製作方法

1 冬粉按照包裝上的指示泡軟，切成容易入口的長度。乾香菇泡水軟化（泡香菇的水留著備用）。紅蘿蔔、竹筍、香菇切絲，韭菜切成5cm長。將A、泡香菇的水40mℓ倒入調理盆中混合均勻。

2 把沙拉油和薑末倒入平底鍋中，以中火燒熱，待散發出香氣後加入絞肉拌炒。肉變色後，依序加入紅蘿蔔、竹筍、香菇、韭菜，每次都要拌炒均勻。接著加入冬粉和混合了A的香菇水，炒到水分蒸發後倒入太白粉水。煮到變濃稠後離火，放涼備用。

3 將春捲皮在砧板上擺成菱形，把1/10量的**2**橫放在中間偏近身處的位置，整成長條形。由近身處向後捲一圈，將左右兩側往內折，再捲一圈，把麵粉水抹在邊緣後捲起來❶。以同樣的方法捲10條。

4 裝入冷凍用保鮮袋中，平整排列不要重疊，壓出空氣後密封好，放入冰箱冷凍。

🔵 **解凍方式** 不必解凍，直接加熱烹調。

🔵 **調理方式** 炸油加熱至150～160℃的低溫，將冷凍狀態的春捲輕輕地放入油中❷。慢慢將油溫提高至180℃，不時翻面，炸至金黃色。

可樂餅

材料（15顆份）

馬鈴薯（中）……3～4顆（約400g）
混合絞肉……100g
洋蔥末……½顆份
沙拉油……少許

A {
醬油、味醂……各1大匙
砂糖……½大匙
}

麵包粉、麵粉、蛋液……各適量
炸油……適量

🔵 冷凍調理包的製作方法

1 將馬鈴薯洗淨，連皮一起放入冷水中，加熱煮熟。把沙拉油倒入平底鍋中，以中火燒熱後先炒絞肉。炒到肉變色後，加入洋蔥和 **A** 拌炒。

2 馬鈴薯煮好後趁熱將皮剝掉，放入調理盆中，用搗泥器等工具搗成泥。接著加入 **1** 的洋蔥絞肉混合均勻。平均分成15份，捏成圓球，依序裹上麵粉、蛋液、麵包粉。

3 裝入冷凍用保鮮袋中，平整排列不要重疊，壓出空氣後密封好，放入冰箱冷凍。

半烹調後 冷凍

🔵 解凍方式

不必解凍，直接加熱烹調。

🔵 調理方式

把炸油加熱至180℃，將冷凍狀態的可樂餅輕輕地放入油中❶。不要頻繁碰觸，炸至酥脆即可。

memo

❶用夾子將可樂餅輕輕放入鍋中，以免油濺出來。

扎實地裹上較多的麵粉、蛋液和麵包粉，酥脆的麵衣封住了肉的鮮美！

炸豬排

材料（2人份）

炸豬排用里肌肉……2片
鹽、胡椒……各少許
麵包粉、麵粉、蛋液
　　……各適量
炸油……適量

🔵 **冷凍調理包的製作方法**

1　將豬肉的筋切幾道開口，撒些鹽和胡椒。依序裹上麵粉、蛋液、麵包粉。

2　裝入冷凍用保鮮袋中，平整排列不要重疊，壓出空氣後密封好，放入冰箱冷凍。

🔵 **解凍方式**

不必解凍，直接加熱烹調。

🔵 **調理方式**

把炸油加熱至160℃，將冷凍狀態的豬排輕輕地放入油中❶。慢慢將油溫提高至180℃，不時翻面，炸至酥脆。

半烹調後冷凍

memo
❶先以低溫慢慢油炸，避免炸得外焦內生。

用來提味的咖哩粉，襯托出肉的美味。除了配飯，也可以夾在麵包裡做成漢堡。

絕品炸肉餅

材料（9個份）

豬絞肉 …… 300g
牛絞肉 …… 100g
高麗菜 …… 100g
洋蔥末 …… ½ 顆份

A ┌ 蛋 …… 1顆
  │ 麵包粉 …… 40g
  │ 美乃滋 …… 1大匙
  │ 砂糖 …… 1小匙
  │ 咖哩粉 …… ¼ 小匙
  └ 鹽、胡椒 …… 各少許

麵包粉、麵粉、蛋液 …… 各適量
炸油 …… 適量

 冷凍調理包的製作方法

1 把高麗菜切碎。將絞肉、高麗菜、洋蔥、A放
　入調理盆中，充分混合均勻。待產生黏性後分
　成9等分，捏成肉餅狀，依序裹上麵粉、蛋
　液、麵包粉。

2 裝入冷凍用保鮮袋中，平整排列不要重疊，壓
　出空氣後密封好，放入冰箱冷凍。

解凍方式

不必解凍，直接加熱烹調。

調理方式

把炸油加熱至160℃，將冷凍狀態的炸肉餅輕輕地
放入油中❶。慢慢將油溫提高至175℃，不時翻
面，炸至酥脆。

半烹調後
冷凍

memo

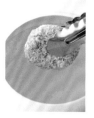

❶以低溫慢慢油炸，炸至內
餡充分熟透。如果內餡沒
熟，可以再用微波爐加熱。

第**3**章

變化多端！
方便又好用的
醬汁&**拌醬**

義大利麵醬和味噌肉醬等，除了搭配義大利麵和
飯之外，還可以混合、拌炒或盛放於其他食材之
上，菜色變化方式十分多元。用點巧思調整冷凍
的方法，例如分成小分量冷凍等，配合用途巧妙
地運用吧！同樣的常備菜，也可以創造出各式各
樣不同的美味。

滋味濃郁的祕密，在於使用多種乳製品來提味。乳製品能使番茄的酸味變得柔和順口。由於味道醇厚，只要加入蔬菜一起拌炒就很好吃。

番茄肉醬（波隆那風）

醬汁
做好後
冷凍

材料（2～3人份）

牛絞肉……200g
洋蔥末……½顆份
紅蘿蔔末……½根份
蒜末……1瓣份
紅酒……100㎖
橄欖油……1大匙

A
番茄罐頭……1罐（400g）
番茄醬……3大匙
中濃醬汁……2大匙
砂糖……½大匙
醬油……1小匙
高湯塊……1塊
月桂葉……1片
肉荳蔻、鹽、胡椒……各少許

B
起司粉、牛奶……各2大匙
鮮奶油（或牛奶）……1大匙

奶油……10g

memo

❶使番茄的酸味變得柔和、更有層次。
❷奶油依喜好添加。加了奶油滋味將更濃郁。

冷凍調理包的製作方法

1 將橄欖油倒入平底鍋中，以中火燒熱後加入洋蔥、紅蘿蔔、蒜末拌炒。混合均勻後，加入絞肉和紅酒燉煮。煮滾後加入 **A** 和水150㎖，轉為較弱的中火，煮約10分鐘。加入**B**❶，再次煮滾後加入奶油❷，融化拌勻。

2 離火，待完全冷卻後再裝入冷凍用保鮮袋中，壓出空氣密封好，整平後冷凍。

解凍方式

分成小分量冷凍的話，取出需要的量就好。移至冷藏室，或沖水解凍後再加熱。也可以使用微波爐加熱。

◯ 變化 1

波隆那義大利麵

材料（2人份）和作法

將**義大利麵180g**依包裝標示煮好後盛盤。淋上加熱好的**適量番茄肉醬**，再依喜好撒上**適量的起司粉**。

◯ 變化 2

簡易肉醬焗烤飯

材料（2人份）和作法

1 於耐熱容器中塗抹**適量奶油**，裝入**適量白飯**。**淋上適量的白醬**（參照下方）和**番茄肉醬**，再鋪上**適量的披薩用起司**。

2 放入烤箱烤5～8分鐘，烤到表面出現焦色。依喜好撒上**適量的香芹碎末**。

簡單的醬汁也能當常備菜

白醬

材料（2人份）

奶油……20g
麵粉（低筋）……2大匙
牛奶……300～400㎖
顆粒高湯粉……½小匙

◯ 冷凍調理包的製作方法

1 將奶油和麵粉放入平底鍋中，開小火加熱，充分拌勻。完全融合後，分次慢慢加入牛奶，邊加邊攪拌，避免結塊。煮到柔軟滑順後，加入顆粒高湯粉充分拌勻。

2 離火，待完全冷卻後再裝入冷凍用保鮮袋中，壓出空氣密封好，整平後冷凍。

◯ 解凍方式

移至冷藏室，或沖水解凍後放入鍋中加熱。

醬汁
做好後
冷凍

羅勒的芳香和松子的醇厚，呈現出絕佳的風味。和海鮮或雞肉也很搭，煎炒時可用來調味。

青醬

材料（容易製作的分量）

羅勒葉……30g
橄欖油……40g
松子❶……20g
大蒜……1瓣
帕馬森起司……1½大匙
鹽……½小匙

醬汁
做好後
冷凍

⬤ 冷凍調理包的製作方法

將全部材料用食物調理機或調理棒打成泥狀。裝入冷凍用保鮮袋中，壓出空氣密封好，整平後冷凍。

⬤ 解凍方式

分成小分量冷凍的話，取出需要的量就好。移至冷藏室，或沖水解凍後再加熱。也可以使用微波爐加熱。

memo ❶以核桃代替松子也很好吃。

⬤ 變化 **1**

青醬義大利麵

材料（2人份）和作法

1　將**培根80g**切成1cm寬。把**橄欖油1大匙**倒入平底鍋中，以中火燒熱後炒培根。炒到出現焦色後關火，加入**3大匙青醬**、**4大匙牛奶**混合均勻。

2　**義大利麵180g**比包裝標示時間少煮1分鐘，加入**1**中。轉小火混合均勻，再加入**少許鹽和胡椒**調味後盛盤。

⬤ 變化 **2**

青醬披薩

材料（直徑22cm的披薩1片份）和作法

1　將**適量培根**切成1cm寬。在**1片（22cm）披薩皮**上抹**1～2大匙青醬**，鋪上培根和**適量披薩用起司**。

2　烤盤鋪鋁箔紙，放上**1**，放入烤箱烤到起司融化、出現焦色。盛盤，切成容易食用的大小。

將蒜味濃郁的簡易番茄醬汁盛放在麵包上，就是一道義式風格的前菜。

番茄香蒜鮪魚醬

材料（容易製作的分量）

鮪魚罐頭（小）……1罐（70g）

蒜末……2瓣份

橄欖油……1大匙

A {
切塊番茄罐頭……1罐（400g）

起司粉……3大匙

牛奶❶……2大匙

番茄醬……1大匙

美乃滋……½大匙

砂糖、醬油……各1小匙

鹽、胡椒……各少許
}

🌀 冷凍調理包的製作方法

1 將橄欖油和蒜末放入平底鍋中，以中火加熱，散發出香氣後加入鮪魚輕輕拌炒。接著加入**A**，整體攪拌均勻。

2 離火，待完全冷卻後再裝入冷凍用保鮮袋中，壓出空氣密封好，整平後冷凍。

醬汁做好後冷凍

🌀 解凍方式

分成小分量冷凍的話，取出需要的量就好。移至冷藏室，或沖水解凍後再加熱。也可以使用微波爐加熱。

memo ❶用鮮奶油代替牛奶，滋味會更醇厚。

🌀 變化 **1**

番茄香蒜鮪魚義大利麵

材料（2人份）和作法

1 將**適量番茄香蒜鮪魚醬**倒入平底鍋中加熱。

2 義大利麵**180g**比包裝標示時間少煮**1**分鐘，加入**1**中。轉小火，混合均勻後盛盤。

🌀 變化 **2**

番茄香蒜鮪魚烤麵包

材料（法國麵包2片份）和作法

將**2**片**法國麵包**放入烤箱稍微烘烤一下。把**適量番茄香蒜鮪魚醬**加熱好，放在麵包上盛盤，撒一些**粗粒黑胡椒**。

味噌肉醬是經典的常備拌醬。除了直接拌飯吃，也可以用來拌麵或作為炒菜的醬料，用法多元。當然，也非常適合做便當。

味噌肉醬

拌醬
做好後
冷凍

材料（容易製作的分量）

豬絞肉……400g
蔥末（長蔥）……1根份
蒜末……1瓣份
薑末……1小塊份
芝麻油……1½大匙

A {
甜麵醬……4大匙
味噌、醬油、酒、味醂、砂糖
　　……各2大匙
豆瓣醬（依喜好添加）
　　……1～2小匙
}

🔵 冷凍調理包的製作方法

1 將芝麻油倒入平底鍋中，以小火燒熱後加入蔥、蒜、薑拌炒，散發出香氣後加入絞肉❶。炒至肉變色，加入A，再炒到湯汁收乾。

2 離火，待完全冷卻後再裝入冷凍用保鮮袋中，壓出空氣密封好，整平後冷凍。

🔵 解凍方式

分成小分量冷凍的話，取出需要的量就好。移至冷藏室，或沖水解凍後再加熱。也可以使用微波爐加熱。

memo

❶可用廚房紙巾拭去多餘的油脂。

● 變化 1

味噌肉醬炒高麗菜

材料 (容易製作的分量) 和作法

1 將**高麗菜¼顆**切碎。
2 把**沙拉油1大匙**倒入平底鍋中，以中火燒熱後加入高麗菜輕輕翻炒。加入**3～4大匙味噌肉醬**，炒勻後盛盤。

● 變化 2

炸醬麵

材料 (2人份) 和作法

1 把**適量的小黃瓜**和**適量的蔥 (長蔥)** 切成細絲。將**油麵2球**煮好後瀝乾水分。
2 將油麵盛盤，擺上小黃瓜絲和**適量的味噌肉醬**，最後以蔥絲裝飾。

51

只要將材料混合炒勻即可。蔥的香氣、芝麻油的濃醇和味噌的風味,搭什麼都好吃!

味噌蔥醬

材料 (容易製作的分量)

蔥末 (長蔥) ……1根份
蒜末……1瓣份
芝麻油……1大匙

A {
味噌……50g
酒、味醂……各1大匙
砂糖……2小匙
醬油……1小匙
}

◯ 冷凍調理包的製作方法

1 將A倒入調理盆中,混合備用。
  把芝麻油、蒜末放入平底鍋中,
  以小火加熱,散發出香氣後加入
  蔥末拌炒。炒軟後倒入A,充分攪
  拌燉煮,小心不要煮焦❶。

2 離火,待完全冷卻後再裝入冷凍
  用保鮮袋中,壓出空氣密封好,
  整平後冷凍。

醬汁
做好後
冷凍

◯ 解凍方式

分成小分量冷凍的話,取出需要的量
就好。移至冷藏室,或沖水解凍後再
加熱。也可以使用微波爐加熱。

memo

❶蔥醬很容易煮焦,需邊攪拌
邊注意火候。

◯ 變化 1

味噌蔥醬煎鮭魚

材料 (2人份) 和作法

取2片鮭魚,上面放適量的味噌
蔥醬。以烤網烘烤後盛盤。

◯ 變化 2

味噌蔥醬烤油豆腐

材料 (容易製作的分量) 和作法

將1塊油豆腐切成容易入口的大小。上面放適量的味噌蔥
醬,放入烤箱,微微出現焦色後盛盤。

將自家必備的滋味做成拌醬，冷凍起來。用來拌一拌燙青菜，最棒的副菜就完成了。

芝麻拌醬

材料 (容易製作的分量❶)

熟白芝麻……5大匙
味醂……1大匙
醬油……2小匙
砂糖……1小匙
日式高湯粉……½小匙

拌醬
做好後
冷凍

⚫ 冷凍調理包的製作方法

將所有材料倒入調理盆中，充分混合
均勻。裝入冷凍用保鮮袋中，壓出空
氣密封好，整平後冷凍。

⚫ 解凍方式

分成小分量冷凍的話，取出需要的量
就好。移至冷藏室，或沖水解凍後再
加熱。也可以使用微波爐加熱。

memo ❶大約是拌菠菜1～2把的分量。

⚫ 變化

芝麻拌四季豆

材料 (容易製作的分量) 和作法

取**適量四季豆**，煮成漂亮的綠色後瀝
乾水分，切成容易食用的長度。放入
調理盆中，加入**適量的芝麻拌醬**，拌
勻後盛盤。

其他變化
除了菠菜、小松菜等青菜，也很適合搭配豆芽菜、甜椒、紅蘿蔔等蔬菜。

第 **4** 章

想吃時立刻端上桌！
料多味美的
湯品＆米飯

備菜時，蔬菜的前置作業意外地最花時間。趁空
閒時先完成前置作業、做成調理包，就能大幅縮
短烹調的時間。本篇將介紹豬肉味噌湯、巧達
湯、散壽司等，配料豐富的常備菜。想吃點東西
時，也很推薦燉飯、烤飯糰等飯類調理包喔！

做成冷凍調理包，配料豐富的豬肉味噌湯也能立即端上桌！還能解決蔬菜攝取不足的問題。

豬肉味噌湯

材料（5～6碗份）

豬五花肉……200g
白蘿蔔……¼根
紅蘿蔔……½根
長蔥……1根
牛蒡……½根
沙拉油……1大匙
油豆腐……½塊
蒟蒻條……100g
高湯……1ℓ

A ┌ 味噌……3～4大匙
  │ 醬油……½大匙
  └ 芝麻油……1小匙

🔵 冷凍調理包的製作方法

1 白蘿蔔和紅蘿蔔削皮，切成扇形或半月形；長蔥切成蔥花；牛蒡削皮後斜切成薄片。豬肉切成2cm寬。

2 將沙拉油倒入鍋中，以中火燒熱後加入豬肉翻炒❶。肉變色後，從較硬的蔬菜開始依序加入，翻炒均勻。

3 離火，待完全冷卻後再裝入冷凍用保鮮袋中，壓出空氣密封好，整平後冷凍。

原料
做好後
冷凍

🔵 解凍方式

不必解凍，直接加熱烹調。

🔵 調理方式

1 將油豆腐和蒟蒻條切成容易食用的大小。

2 把高湯倒入鍋中，以中火煮至沸騰，加入冷凍狀態的豬肉味噌湯原料。煮滾後撈除浮沫，加入1，轉小火煮10分鐘❷。加入A拌匀。

memo

❶充分翻炒豬肉，能帶出濃厚的香氣。
❷油豆腐和蒟蒻條冷凍的話會產生孔洞，所以最後才加。

預先做好很花時間的焦糖洋蔥，就能隨時輕鬆享受極致的美味。

焗烤洋蔥湯

材料（4～5人份）

洋蔥（中）
　　　3～4顆（600～700g）

橄欖油　1大匙

奶油　10g

A { 高湯塊　2塊
　　鹽、胡椒　各少許 }

法國麵包、披薩用起司、
　香芹碎末　各適量

🔵 冷凍調理包的製作方法

1. 將洋蔥切成薄片❶。

2. 把橄欖油和奶油倒入平底鍋中，以中火燒熱後加入**1**，轉小火，蓋上鍋蓋。約5分鐘後打開鍋蓋翻炒一下，再蓋上鍋蓋燜5分鐘。一邊注意火候，一邊重複幾次同樣的動作，等洋蔥的水分蒸發、體積縮小後，打開鍋蓋炒成焦糖色，小心不要燒焦。

3. 離火，待完全冷卻後再裝入冷凍用保鮮袋中，壓出空氣密封好，整平後冷凍❷。

🔵 解凍方式

不必解凍，直接加熱烹調。

🔵 調理方式

1. 將1ℓ的水倒入鍋中，加入**A**以中火煮滾，直接加入冷凍的焦糖洋蔥。煮到解凍且混合均勻後，撈除浮沫。

2. 將**1**等量倒入耐熱杯中，分別擺一片法國麵包。鋪上披薩用起司，放入烤箱烤到起司融化並出現焦色。依喜好撒一些香芹碎末。

原料
做好後
冷凍

memo

❶如果使用冷凍洋蔥（P.77）的話，水分會較快蒸發，較快變成焦糖色。

❷假如倒入製冰盒中分成小分量冷凍，還可以用於替咖哩提味，非常方便。

將蛤蜊的鮮美完全冷凍保存起來。蔬菜也充分入味,呈現出濃郁香醇的滋味。

蛤蜊巧達湯

材料(4～5人份)

蛤蜊(罐頭)……1罐
白酒……100㎖
培根……80～100g
洋蔥……1顆
馬鈴薯……1顆
紅蘿蔔……1根
沙拉油……1大匙
奶油……20g
麵粉……2大匙
A ┌ 高湯塊……1塊
　┤ 鹽、胡椒……各少許
　└ 牛奶……500㎖
起司粉(依喜好添加)
　……2大匙

冷凍調理包的製作方法

1 洋蔥、馬鈴薯、紅蘿蔔切成1cm的丁狀。培根切成1cm寬。

2 將沙拉油倒入平底鍋中燒熱,加入培根翻炒。接著加入**1**的蔬菜炒勻,待洋蔥變透明後,將白酒和整罐蛤蜊連湯汁一起加入,炒到湯汁變少。

3 離火,待完全冷卻後再裝入冷凍用保鮮袋中,壓出空氣密封好,整平後冷凍。

原料
做好後
冷凍

解凍方式

不必解凍,直接加熱烹調。

調理方式

1 把奶油放室溫軟化後,加入麵粉充分拌勻。

2 將300～400㎖的水倒入鍋中,加入A,以中火煮滾後直接加入冷凍的湯料❶。轉小火煮到食材解凍、變軟,撈除浮沫。一邊加入**1**一邊攪拌,煮到湯汁變濃稠。依喜好撒一些起司粉。

memo

❶將冷凍湯料直接加入鍋中,煮到解凍、變熱即可。

將以番茄為基底做好的蔬菜湯直接加熱即可，輕輕鬆鬆就能端出營養滿分的好湯。

義大利蔬菜湯

材料（4～5人份）

培根 ⋯⋯ 80～120g
高麗菜 ⋯⋯ 1/6顆
紅蘿蔔 ⋯⋯ 1根
洋蔥 ⋯⋯ 1顆
馬鈴薯 ⋯⋯ 1顆
蒜末 ⋯⋯ 1瓣份
橄欖油 ⋯⋯ 1大匙

A {
　切塊番茄罐頭
　　⋯⋯ 1罐（400g）
　高湯塊 ⋯⋯ 2塊
　月桂葉 ⋯⋯ 1片
　番茄醬 ⋯⋯ 2小匙
　砂糖、醬油
　　⋯⋯ 各1小匙
　乾燥香芹末（有的話）
　　⋯⋯ 少許
　鹽、胡椒 ⋯⋯ 各少許
}

⦿ 冷凍調理包的製作方法

1 將高麗菜切成1cm的片狀，紅蘿蔔、洋蔥、馬鈴薯切成1cm的丁狀，培根切成1cm寬。

2 把橄欖油和蒜末放入平底鍋中，以小火加熱，散發出香氣後加入培根翻炒。接著加入紅蘿蔔、洋蔥、高麗菜和馬鈴薯，炒到洋蔥變透明、全部食材混合均勻即可。

3 離火，待完全冷卻後再裝入冷凍用保鮮袋中，壓出空氣密封好，整平後冷凍。

⦿ 解凍方式

不必解凍，直接加熱烹調。

⦿ 調理方式

將A和800ml的水倒入鍋中，以中火煮滾後直接加入冷凍的湯料❶。再次煮滾後，撈除浮沫。繼續燉煮10分鐘。

原料
做好後
冷凍

memo

❶ 將冷凍湯料直接加入鍋中，燉煮10分鐘以上。

以冷凍的手法封住南瓜和洋蔥的甜味，再融入牛奶中，使風味更加濃郁香醇。

南瓜濃湯

材料（容易製作的分量）

南瓜⋯⋯ 1/4 顆

洋蔥⋯⋯ 1/2 顆

奶油⋯⋯ 20g

A {
高湯塊⋯⋯1塊
砂糖⋯⋯1小匙
醬油⋯⋯ 1/2 小匙❶
}

牛奶⋯⋯300〜350㎖

🔵 冷凍調理包的製作方法

1 南瓜去除籽和蒂頭後削皮，切成適當的大小。洋蔥切成薄片。

2 將奶油和洋蔥倒入鍋中，以較弱的中火加熱，炒到洋蔥變軟。加入 **A**、水350㎖和南瓜，煮10〜15分鐘，直到南瓜變軟。

3 離火，用食物調理機充分攪打至柔軟滑順（也可以用搗泥器或攪拌器）。直接放涼，再裝入冷凍用保鮮袋中，壓出空氣密封好，整平後冷凍。

原料
做好後
冷凍

🔵 解凍方式

移至冷藏室，或沖水解凍。也可以使用微波爐加熱。

🔵 調理方式

將解凍的南瓜湯料放入鍋中，以較弱的中火加熱，再加入牛奶拌勻❷。轉小火，將整鍋湯煮得熱騰騰。

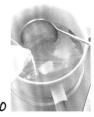

memo

❶別忘了加點醬油，可以帶出味覺的深度和層次。

❷將少量鮮奶油加入牛奶中，口感會更濃郁。

將料多味美的湯分裝成1人份預先冷凍，加熱後淋在飯上，就是一碗超美味的湯飯了。

芝麻味噌擔擔湯飯

材料（2～3人份）

豬絞肉……150g
香菇……2朵
竹筍（水煮）……70g
蒜末……1瓣份
薑末……1小塊份
蔥末（長蔥）……10cm份
芝麻油……½大匙
豆瓣醬（依喜好添加）……1小匙

A ⎰
豆漿……50mℓ
熟白芝麻……2½大匙
味噌……1½大匙
酒（有紹興酒更好）、味醂
　　　……各1大匙
雞湯粉……½大匙
韓式辣醬、醬油、蔥油
　　　……各½小匙
砂糖……¼小匙
⎱

鹽、胡椒……各少許
白飯……適量
蔥花（細蔥）……少許

🔘 冷凍調理包的製作方法

1 把香菇和竹筍切碎。
2 將芝麻油倒入平底鍋中，以中火燒熱後加入絞肉。炒到肉變色，再加入蒜、薑、蔥（長蔥）和1，充分炒勻。接著加入豆瓣醬拌炒，再加入 A❶、水400mℓ，以小火煮2～3分鐘後，嚐嚐味道，用鹽和胡椒調味。
3 離火，待完全冷卻後再裝入冷凍用保鮮袋中❷，壓出空氣密封好，整平後冷凍。

🔘 解凍方式

移至冷藏室，或沖水解凍。也可以使用微波爐加熱。

🔘 調理方式

若是冷藏或沖水解凍的話，只要將擔擔湯料加熱即可。在碗中盛入白飯，淋上溫熱的湯，再撒一些蔥花。

湯汁
做好後
冷凍

memo

❶因為是淋飯用，所以味道較重，可以加水調整鹹度。
❷分成小分量冷凍的話，要用時會更方便。

華麗的散壽司，最適合慶祝喜事。預先將原料冷凍起來，再拌入醋飯中即可，非常簡單！

散壽司

慶賀菜

材料（8碗白飯的分量）

紅蘿蔔⋯⋯½根

牛蒡⋯⋯½根

蓮藕⋯⋯100g

油豆腐皮⋯⋯1片

乾香菇⋯⋯4～5朵

沙拉油⋯⋯1大匙

A ⎰ 砂糖、醬油
⎱ ⋯⋯各3大匙
⎰ 味醂、酒⋯⋯各1大匙
⎱ 醋⋯⋯½大匙
⎰ 日式高湯粉⋯⋯2小匙

溫熱白飯⋯⋯8碗

壽司醋、蛋絲、豌豆（水煮）
⋯⋯各適量

⬤ 冷凍調理包的製作方法

1 紅蘿蔔切成小片半月形。牛蒡、蓮藕切成小塊，泡水去除澀味後瀝乾。油豆腐皮先切成⅓大小，再切成0.5～1cm寬。乾香菇泡水軟化後（泡香菇的水留著備用），切成小塊。

2 將沙拉油倒入平底鍋中，以中火加熱後，從較硬的食材開始依序加入拌炒。炒勻後加入**A**和香菇水300㎖（不夠就加水補足），以較弱的中火煮到收乾。

3 離火，待完全冷卻後再裝入冷凍用保鮮袋中，壓出空氣密封好，整平後冷凍。

原料
做好後
冷凍

⬤ 解凍方式

移至冷藏室解凍。也可以使用微波爐加熱。

⬤ 調理方式

將壽司醋加入溫熱的白飯中，做成醋飯，再加入解凍的食材拌勻❶。撒上蛋絲❷和豌豆。

memo

❶把食材切小一點，比較容易和醋飯混勻。

❷蛋絲預先做成冷凍調理包，要用時就很方便（P.76）。

將濃郁的正統燉飯做成冷凍常備菜。很適合用來製作午餐便當，或拿來簡單招待客人。

起司燉飯

材料（2～3人份）

米 ⋯⋯1杯（約150g）
洋蔥末 ⋯⋯¼顆份
鮪魚罐頭（小）⋯⋯1罐（70g）
蒜末 ⋯⋯1瓣份
奶油 ⋯⋯10g
橄欖油 ⋯⋯1大匙
白酒、鮮奶油❶、起司粉
　⋯⋯各3大匙
高湯塊 ⋯⋯1塊
鹽、胡椒 ⋯⋯各少許
粗粒黑胡椒 ⋯⋯適量

 冷凍調理包的製作方法

1 將奶油、橄欖油倒入鍋中，放入蒜末後以小火加熱，散發出香氣後加入洋蔥和鮪魚拌炒。接著加入白米，炒到米粒變透明，加入白酒。

2 加入水500㎖和高湯塊，蓋上鍋蓋煮至沸騰，轉小火再煮15分鐘。加入鮮奶油、起司粉拌勻，最後以鹽和胡椒調味。

3 離火，待完全冷卻後再裝入冷凍用保鮮袋中❷，壓出空氣密封好，整平後冷凍。

解凍方式
使用微波爐加熱。

調理方式
將熱好的燉飯盛盤，撒上粗粒黑胡椒。

烹調後
冷凍

memo
❶也可以用牛奶代替鮮奶油。
❷分成1人份的小分量冷凍，用來做午餐等，就會很方便。

將香氣四溢的烤飯糰做成冷凍常備菜，就能隨時輕鬆享受這道奢華的料理。淋上滿滿的高湯吧！

高湯茶泡烤飯糰

材料（5～6個份）

溫熱白飯……500g

A {
醬油……1⅓大匙
日式高湯粉、味醂
……各1小匙
}

熟白芝麻……½大匙

高湯……500㎖

B {
醬油、味醂
……各1小匙
鹽……¼小匙
}

鴨兒芹……適量

🔵 **冷凍調理包的製作方法**

1 將A倒入調理盆中混勻，加入溫熱白飯和芝麻，充分拌勻。分成5～6等分，捏成飯糰。

2 烤盤鋪鋁箔紙，把1排列上去。單面各烤4～5分鐘，烤至表面香酥硬脆❶。

3 待完全冷卻後，一顆顆用保鮮膜包起來，裝入冷凍用保鮮袋中，放入冰箱冷凍。

🔵 **解凍方式**

使用微波爐加熱。

🔵 **調理方式**　**做高湯茶泡烤飯糰時**

把B和高湯❷放入鍋中，開火煮至沸騰。將加熱好的飯糰盛入碗中，倒入高湯。撒一些鴨兒芹做裝飾。

烹調後
冷凍

memo

❶隨時注意火候，小心不要烤焦了。

❷將高湯預先做成冷凍調理包（P.77），要用時會更方便。

第 **5** 章

想再多加一道菜時
各式小菜
冷凍調理包

讓餐桌菜色更豐富、營養更均衡的小菜，是構思
菜單時相當重要的元素。將實用的常備小菜預先
冷凍起來，覺得「菜好像不夠多」時就能派上用
場。以容易分成小分量的方式冷凍，就可以直接
當成便當的菜色。

＊要帶便當時，先用微波爐加熱一次，
放涼後再裝進便當中。

經典的常備小菜。預先做好備用，除了直接吃之外，也可以變化成煎蛋捲的餡料。

炒牛蒡絲

材料（容易製作的分量）

牛蒡……1根
紅蘿蔔……1/2根
A 酒、味醂……各2大匙
　 醬油……1又1/2大匙
　 砂糖……1大匙
　 日式高湯粉……1/2小匙
芝麻油……1大匙
熟白芝麻……1大匙

冷凍調理包的製作方法

1 將牛蒡和紅蘿蔔切成細絲，牛蒡泡水去除澀味。

2 把芝麻油倒入鍋中，以中火加熱，加入瀝乾水分的牛蒡和紅蘿蔔拌炒。炒軟後加入 **A**，炒到水分收乾、出現光澤。最後加入芝麻，大略攪拌一下。

3 離火，待完全冷卻後再裝入冷凍用保鮮袋中，壓出空氣密封好，整平後冷凍。

解凍方式

移至冷藏室解凍❶。也可以使用微波爐加熱。

memo

❶以冷藏來解凍的話，加熱後即可享用。

乾貨小菜也很適合做成冷凍常備菜。除了當便當的配菜之外，加入飯中做成拌飯也很好吃。

燉煮鹿尾菜

材料（容易製作的分量）

鹿尾菜（乾燥）……25g
紅蘿蔔（中）……1/2～1根
油豆腐皮……1片
A 醬油、味醂、砂糖、酒
　 ……各2大匙
　 日式高湯粉……1小匙
沙拉油……1大匙

冷凍調理包的製作方法

1 將鹿尾菜泡水軟化。紅蘿蔔和油豆腐皮切成細絲。

2 把沙拉油倒入平底鍋中，以中火加熱，放入紅蘿蔔炒軟後，加入瀝乾水分的鹿尾菜和油豆腐皮拌炒，接著加入水200ml和 **A**。蓋上落蓋，轉小火❶，煮到湯汁收乾。

3 離火，待完全冷卻後再裝入冷凍用保鮮袋中，壓出空氣密封好，整平後冷凍。

解凍方式

移至冷藏室解凍後再加熱。也可以使用微波爐加熱。

memo

❶用小火燉煮，能讓食材確實入味。

鬆軟溫和的滋味，是自古以來不變的美味。一款隨時都想保存備用的經典菜色。

燉煮南瓜

材料（容易製作的分量）

南瓜 —— ¼顆（300〜400g）

A ｜ 砂糖 —— 2大匙
　｜ 味醂、酒 —— 各1大匙
　｜ 醬油 —— ½大匙

● 冷凍調理包的製作方法

1 南瓜去除籽和蒂頭後，切成容易食用的大小❶。

2 將A、水300㎖、南瓜放入鍋中，以小火加熱，蓋上落蓋燉煮15分鐘。

3 離火，待完全冷卻後再裝入冷凍用保鮮袋中，壓出空氣後密封好，放入冰箱冷凍。

● 解凍方式

移至冷藏室解凍後再加熱。也可以使用微波爐加熱。

memo
❶可依喜好稍微削皮。

超常見的便當菜。傳統的經典配菜，正是讓人想傳遞下去的好味道。

燉煮蘿蔔乾

材料（容易製作的分量）

白蘿蔔乾絲 —— 30〜40g

油豆腐皮 —— 1片

紅蘿蔔 —— ½根

A ｜ 醬油、酒、味醂、砂糖❶
　｜ —— 各1½大匙
　｜ 日式高湯粉 —— 1小匙

● 冷凍調理包的製作方法

1 白蘿蔔乾絲洗淨後，泡水10分鐘軟化，擰乾水分。油豆腐皮淋熱水去除油脂。把紅蘿蔔和油豆腐皮切成細絲。

2 將A、水300㎖、1放入鍋中，以小火加熱，蓋上落蓋，細火慢燉15〜20分鐘。

3 煮到水分收乾後離火，待完全冷卻再裝入冷凍用保鮮袋中，壓出空氣密封好，整平後冷凍。

● 解凍方式

移至冷藏室解凍後再加熱。也可以使用微波爐加熱。

memo
❶想降低甜度時，砂糖可改為1大匙。

組合簡單卻令人驚豔的大人口味小菜。也很建議搭配肉類或魚類料理。

青花菜炒鯷魚

材料（容易製作的分量）

青花菜……1株
鯷魚（魚柳）……20g
蒜末……1瓣份
橄欖油……1大匙
胡椒……少許

 冷凍調理包的製作方法

1 把青花菜切成小朵，放入耐熱容器中，淋入 $\frac{1}{2}$ 大匙的水，蓋上保鮮膜後放入微波爐加熱1分30秒❶。將鯷魚切碎。

2 將橄欖油和蒜末放入平底鍋中，以小火加熱，散發出香氣後加入鯷魚。煮到冒泡後加入青花菜和胡椒，大略翻炒一下。

3 離火，待完全冷卻後再裝入冷凍用保鮮袋中，壓出空氣密封好，整平後冷凍。

解凍方式

移至冷藏室解凍後再加熱。也可以使用微波爐加熱。

memo

❶視青花菜的分量調整加熱時間。

色彩繽紛而大受歡迎的小菜。
預先做成常備菜，就能輕鬆做出好吃的石鍋拌飯。

韓式三色拌蔬菜

材料（容易製作的分量）

菠菜……$\frac{1}{2}$把（約150g）
豆芽菜……$\frac{1}{2}$袋（約100g）
紅蘿蔔……$\frac{1}{2}$根（約80g）

A ｛
芝麻油……$1\frac{1}{2}$大匙
熟白芝麻……1大匙
醬油……$\frac{1}{2}$大匙
雞湯粉……$\frac{1}{3}$小匙
鹽……$\frac{1}{4}$小匙

冷凍調理包的製作方法

1 菠菜切成4～5cm長的小段，紅蘿蔔切成4～5cm長的細絲。把A倒進調理盆中拌勻備用。

2 於鍋裡裝入足夠的水，煮至沸騰，從較硬的蔬菜開始依序加入，煮接近2分鐘之後❶，用篩網撈起瀝乾。充分擰乾水分後，放進1的調理盆中拌勻。

3 裝入冷凍用保鮮袋中，壓出空氣密封好，整平後冷凍。

解凍方式

移至冷藏室解凍。也可以使用微波爐加熱。

memo

❶注意蔬菜不要煮太久。

冷凍後，柔滑口感依舊不變。除了當做配菜，也很推薦做成焗烤料理。

馬鈴薯泥

材料（容易製作的分量）

馬鈴薯（中）
……4～5顆（500g）
奶油……30g
牛奶……50㎖
鮮奶油……2大匙
鹽、胡椒……各少許

冷凍調理包的製作方法

1 馬鈴薯削皮之後先切成兩半，再切成
1.5cm厚的片狀，泡水去除澀味。於鍋
中放入馬鈴薯，倒入等高的水量，以
中火加熱。煮到竹籤能順利穿透後離
火，將湯汁倒掉。搖動馬鈴薯，使水
分蒸發變乾。

2 加入奶油，用搗泥器邊搗碎邊拌勻❶，
再加入牛奶、鮮奶油，充分混合均
勻。拌至柔軟滑順後，以鹽和胡椒調
味。

3 待完全冷卻後裝入冷凍用保鮮袋中，
壓出空氣密封好，整平後冷凍。

解凍方式

移至冷藏室解凍後再加熱。也可以使用微
波爐加熱。

memo

❶可依喜好用篩網過篩，讓口感更好。

一道洋溢著紅蘿蔔甜味的簡約小菜。也很適合佐菜或當成沙拉、三明治的配料。

法式紅蘿蔔絲

材料（容易製作的分量）

紅蘿蔔……1根（約150g）

A
｜白酒醋（或醋）……2大匙❶
｜橄欖油……1大匙
｜顆粒芥末醬、砂糖（或蜂蜜）
｜　　　……各1小匙

冷凍調理包的製作方法

1 紅蘿蔔切成細絲。將A放入調理盆中
混合均勻後，加入紅蘿蔔拌勻。

2 裝入冷凍用保鮮袋中，壓出空氣密封
好，整平後冷凍。

解凍方式

移至冷藏室，或沖水解凍後再加熱。

memo

❶將一半的醋以檸檬汁代替，滋味會更加
清爽。

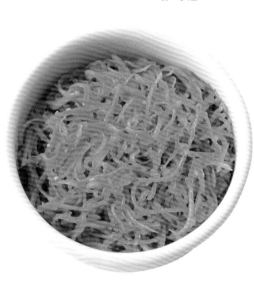

第**6**章

豐富咖啡時光
冷凍**甜點**
調理包

冷凍甜點可以招待突然來訪的客人、當做小朋友
的點心，或是犒賞自己。倘若隨時都能品嚐到美
味的甜點，心情也會一直處於愉快振奮的狀態
吧。本章要介紹既簡單又美味，令人想不斷回味
的冷凍常備甜點。

>
將簡單的奶油餅乾麵團冷凍備用，不論什麼時候想吃，只要切好後放入烤箱烘烤，
酥脆的餅乾就出爐了。送禮自用兩相宜。

兩種餅乾

6
章

冷凍甜點調理包

奶油餅乾

材料（約30片份）

低筋麵粉……150g
奶油……100g
砂糖……60g
蛋黃……1顆份

 **冷凍調理包的製作方法**

1 奶油放室溫軟化。將奶油和砂糖放入調理盆中，
   用打蛋器攪拌混合。攪拌至奶油泛白後，加入蛋
   黃拌勻。
2 低筋麵粉邊過篩邊加入，用木刮刀以切拌的方式
   大略混合。待粉塊消失後整合成麵團，搓成直徑
   5cm左右的棒狀。
3 用保鮮膜包好後冷凍。

麵團
做好後
冷凍

 解凍方式

移至冷藏室，解凍到稍微軟化❶。

 調理方式

烤盤上鋪烘焙紙。用菜刀將解凍的麵團切成約1cm
厚的片狀❷，取出間隔排列在烤盤上。放入預熱至
170℃的烤箱烘烤20～25分鐘。

memo
❶解凍至5分軟左右。如果不小心解凍得太軟，就再放入冷凍庫讓麵團變硬。
❷切得稍微厚一點，口感會更酥脆。

可可餅乾

材料（約30片份）

低筋麵粉……145g
可可粉……20g
奶油……100g
砂糖……60g
蛋黃……1顆份

 **冷凍調理包的製作方法**

1 奶油放室溫軟化。將奶油和砂糖放入調理盆中，
   用打蛋器攪拌混合。攪拌至奶油泛白後，加入蛋
   黃拌勻。
2 低筋麵粉和可可粉邊過篩邊加入，用木刮刀以切
   拌的方式大略混合。待粉塊消失後整合成麵團，
   搓成直徑5cm左右的棒狀❶。
3 用保鮮膜包好後冷凍。

麵團
做好後
冷凍

 解凍方式 **調理方式**

參照「奶油餅乾」。

memo
❶這時，可以依喜好在麵團外層撒些砂糖。

冷凍的鬆餅，
不用解凍直接放入烤箱，
便能重現剛出爐的美味。

鬆餅

材料（4片份）

低筋麵粉⋯⋯100g
泡打粉⋯⋯5g
蛋⋯⋯1顆
砂糖⋯⋯30g
牛奶⋯⋯80ml
奶油⋯⋯30g
沙拉油⋯⋯2大匙
發泡鮮奶油、楓糖漿
（依喜好添加）⋯⋯各適量

🔵 冷凍調理包的製作方法

1 將蛋和砂糖放入調理盆中，用打蛋器打發❶。打成緞帶狀（麵糊撈起後，會像緞帶一樣往下滑落，留下少許堆疊的痕跡）後，加入牛奶拌勻。

2 低筋麵粉和泡打粉分2～3次過篩加入，每次加入時，都要用橡皮刮刀大略切拌混合。接著加入以微波爐加熱或隔水加熱融化的奶油，再倒入沙拉油，攪拌至柔軟滑順。

3 加熱鬆餅機。將麵糊等量倒入鬆餅機中，烤4～5分鐘❷。取出後，待完全冷卻再用保鮮膜一片片包好，裝入冷凍用保鮮袋中，放入冰箱冷凍。

烘烤後
冷凍

🔵 解凍方式

移至冷藏室解凍。也可以使用微波爐加熱。

🔵 調理方式

將解凍後的鬆餅放入烤箱中，稍微烘烤到酥脆。盛入盤中，依喜好添加發泡鮮奶油和楓糖漿。

memo

❶充分打發，鬆餅才會酥脆。

❷機種不同，烘烤時間也不一樣，需自行確認。烤出微微的焦色即可。

將口感濃郁的地瓜做成一口大小，冷凍保存。隨時都能品嚐到極致的甜蜜滋味。

地瓜酥

材料（30～40顆份）

地瓜（中）
......2條（淨重450g）
奶油......30g
砂糖......65g
鮮奶油......70ml
蛋黃......2顆份
香草油......數滴

🔵 冷凍調理包的製作方法

1　地瓜削皮後，切成1cm厚的半月形，放入鍋中，倒入等高的水，以中火加熱。煮到竹籤能順利穿透後離火，將湯汁倒掉。用搗泥器搗成喜歡的軟硬度，以鍋子的餘熱讓水氣蒸發。

2　依序加入奶油、砂糖、鮮奶油，開小火，一邊使水分蒸發，一邊充分混合。關火，加入1顆蛋黃和香草油，充分拌勻，稍微放涼後平均分成一口大小，搓成圓球❶。

3　烤盤上鋪烘焙紙，將**2**排列上去。打散1顆蛋黃，塗在表面❷。放入預熱至200℃的烤箱烘烤20分鐘。

4　冷卻後裝入冷凍用保鮮袋中，放入冰箱冷凍。

烘烤後
冷凍

🔵 解凍方式

移至冷藏室解凍。也可以使用微波爐加熱。

🔵 調理方式

將解凍的地瓜酥放入烤箱，稍微烤到酥脆即可。

memo

❶熱騰騰的麵團還很柔軟，稍微放涼後會比較容易搓成圓球。

❷蛋黃能形成光澤，讓顏色更漂亮。

加了滿滿燕麥的司康，很適合當早餐。用烤箱烤得香酥美味後再享用。

燕麥司康

材料（8個份）

鬆餅粉……200g
奶油……50g
牛奶……55㎖
水果燕麥❶……100g

🔵 冷凍調理包的製作方法

1 於調理盆中放入鬆餅粉和室溫下軟化的奶油，充分混合。整體均勻融合後，加入牛奶拌勻，再加入燕麥，整合成一個麵團。

2 烤盤上鋪烘焙紙，放上**1**的麵團，整成圓餅形。用菜刀分成8等分，取出間隔排列好。放入預熱至170℃的烤箱烘烤25分鐘。

3 冷卻後用保鮮膜一個個包好，裝入冷凍用保鮮袋中，放入冰箱冷凍。

烘烤後
冷凍

🔵 解凍方式

移至冷藏室解凍。也可以使用微波爐加熱。

🔵 調理方式

可依喜好放入烤箱，稍微烘烤至口感酥脆。

memo

❶只要是喜歡的燕麥種類都OK。

只要攪拌和冷凍，自製冰淇淋就完成了。
恰到好處的酸味和甜味，不分大人小孩都喜愛。

優格冰淇淋

材料 (2～3人份)

原味優格 (無糖)‧‧‧‧‧‧200g
蜂蜜❶、牛奶 (或鮮奶油)
　　‧‧‧‧‧各2大匙

⬤ 冷凍調理包的製作方法

1 將優格、蜂蜜、牛奶 (或鮮奶油) 放入有深度的保
　存容器內，充分拌勻。蓋上保鮮膜或蓋子，放入冷
　凍庫冷凍到變硬。

2 期間每隔1～2小時，用湯匙等工具刮鬆攪拌❷，
　讓冰淇淋更鬆軟綿密。

memo

❶以蜂蜜增添甜味，可以讓冰
淇淋變得更濕潤。

❷多攪拌幾次，將空氣拌入，
冰淇淋會比較鬆軟。

這些食材也可以冷凍

本篇要介紹各種可預先冷凍的方便食材。
可以當做菜色的基底，也可以用來裝飾料理。
有的食材不只方便好用，還因為經過冷凍而變得更美味了！
本書中也有使用這些食材，請各位一定要試試看。

細蔥

將細蔥切成蔥花，預先冷凍
起來，就能即時當做佐料。
因為非常方便好用，我經常
準備一些放在冷凍庫備用。
保鮮祕訣是，買回家後立刻
切好冷凍。

蛤蜊

蛤蜊其實很適合冷凍。吐沙後，仔細擦乾水
分，再裝入冷凍用保鮮袋，放入冰箱冷凍。
要使用時，直接倒入鍋中即可。冷凍不只能
保鮮，美味也升級了。

小番茄

冷凍後，只要沖水就能迅速
去皮，用來做義大利麵醬很
方便。當然，大顆的番茄也
能如法炮製。

蛋絲

用蛋絲做裝飾，餐點馬上變得華麗美觀。不
過特地做有點麻煩，空閒時多做一點，以一
次使用的分量分裝起來，用保鮮膜包好後裝
入保鮮袋中冷凍。要用時，取出所需的量，
以微波爐短時間加熱就能立即使用。

薑

通常無法一次用完的薑，就以一次使用的分量分
裝好，冷凍保存。冷凍後風味也不會變差，而且
經過冷凍，磨泥時會更好磨。只想用一點點時，
也可以先磨成泥後再冷凍。

白蘿蔔泥

白蘿蔔泥是方便又好用的佐料，磨好後，分裝成一次用量冷凍起來。當成佐料時，放入冷藏室或沖水解凍即可。煮蘿蔔泥燉菜時則不必解凍，直接放入鍋中。冷凍可以完整保存白蘿蔔的辛辣與風味。

菇類綜合包

容易剩下少量的菇類，可以在切除根部並剝散後，放入保鮮袋冷凍起來。要用時，取出所需分量直接加熱即可。當做炒菜的配料或餐點的副菜都很方便。此外，菇類經過冷凍，美味程度也會升級。

焦糖洋蔥

將焦糖洋蔥少量分裝到製冰盒中冷凍，煮咖哩、湯品、燉菜時，就能用來提味，非常方便。等結凍成方塊狀，再移入大袋子裡，這麼做就不會黏在一起，可以只取需要的量來使用。

洋蔥細絲

買了整袋洋蔥，卻不小心放到發芽了，你是不是也曾有過這種經驗呢？將炒菜時經常登場的洋蔥依一次使用的分量分裝冷凍，要用時就很方便。而且冷凍能破壞洋蔥的纖維，讓洋蔥容易熟透，縮短炒成焦糖色的時間。

高湯

高湯經常作為日式料理的基底，熬高湯時，可以多熬一些保存備用。冷藏雖然也沒問題，不過更建議冷凍，比較能長期保持風味。使用前只要靜置於室溫中，很快就會解凍了。

雞皮

雞肉的皮能夠熬出美味的高湯，所以不要丟掉，用保鮮膜包好冷凍起來。可以加進湯裡，也可以代替高湯加進火鍋或雜炊飯中。雞皮的美味就像幕後功臣，讓餐點吃起來更加可口。當雞皮不夠用時，我還曾經去肉店購買。

依食材索引

依類別索引

國家圖書館出版品預行編目資料

人氣營養師的自製冷凍調理包／上地智子著；
陳妍雯譯. -- 初版. -- 臺北市：臺灣東販, 2019.01
　　80面；18.2×25.7公分
　　ISBN 978-986-475-896-8（平裝）

1.食品保存 2.冷凍食品 3.食譜

427.74　　　　　　　　　　　　　　107021450

☆EIYOSHI NO RECIPE☆ NO REITO TSUKURIOKI
by Tomoko Kamiji
Copyright © Tomoko Kamiji 2017
All rights reserved.
Original Japanese edition published by FUSOSHA Publishing, Inc., Tokyo.

This Traditional Chinese language edition is published by arrangement with
FUSOSHA Publishing, Inc., Tokyo in care of Tuttle-Mori Agency, Inc.

☆營養師的食譜☆ （上地智子）

營養師，餐飲指導師。家庭成員有
丈夫及大、小女兒。因想將自己的
食譜傳給兩個女兒，2011年開始在
食譜網站COOKPAD發文。充滿巧
思的簡易做法、確切肯定的美味及
講究大獲好評，回饋留言合計超過
20萬筆（2017年5月時），成為回饋
數最多的作者（2015年3月19日）。
做菜原則是，重複試做到味道讓自
己滿意為止；嚐到新滋味時，也要
不斷試著重現，不忘挑戰精神。興
趣是DIY。

COOKPAD　☆營養師的食譜☆廚房
https://cookpad.com/kitchen/
1843442

instagram
https://www.instagram.com/
_____moco_____/

人氣營養師的
自製冷凍調理包

2019 年 1 月 1 日初版第一刷發行

作　　　者　上地智子
譯　　　者　陳妍雯
編　　　輯　陳映潔
美術編輯　黃盈捷
發 行 人　齋木祥行
發 行 所　台灣東販股份有限公司
　　　　　＜地址＞台北市南京東路4段130號2F-1
　　　　　＜電話＞(02)2577-8878
　　　　　＜傳真＞(02)2577-8896
　　　　　＜網址＞www.tohan.com.tw
郵撥帳號　1405049-4
法律顧問　蕭雄淋律師
總 經 銷　聯合發行股份有限公司
　　　　　＜電話＞(02)2917-8022
香港總代理　萬里機構出版有限公司
　　　　　＜電話＞2564-7511
　　　　　＜傳真＞2565-5539

著作權所有，禁止翻印轉載。
購買本書者，如遇缺頁或裝訂錯誤，請寄回更換（海外地區除外）。
Printed in Taiwan.

TOHAN